1個月腰圍 -7cm！

地獄60秒
肌力訓練

本気でやせたい人のための

#ユウトレ

雖然痛苦但有效！
26組肌力訓練 ×3大訓練菜單，
有點累卻超有感的高效瘦身法

YUTORE—著
蔡麗蓉—譯

「試過了各種減肥法
還是瘦不下來……」

如果你有這樣的煩惱，
現在要大力推薦一個減肥法，給真心想要瘦下來的人：

要瘦就得適度鍛鍊重點肌肉！

總之，就是要做肌力訓練，
做了肌力訓練之後，不僅能讓你瘦下來，而且好處多多：

- 身材會變得凹凸有致
- 體力變好，不再經常感到疲勞
- 使人易瘦不易胖
- 個性更加積極樂觀
- 姿勢會改善

提起缺點，
大概只有「對練肌肉愈來愈狂熱」這一點，但優點卻數都數不完。
只不過，**想要正確鍛鍊肌肉其實意外地困難。**

主要原因有下述這3點：

1 未施加適度的負荷

- 雖想做好肌力訓練，但施加的負荷不夠
- 訓練太輕鬆以致於完全沒效

2 姿勢做錯了

- 想要鍛鍊的部位不見其效
- 鍛鍊的肌肉竟然不是想要變大的部位

3 無法持之以恆

- 無法立即見效，所以提不起勁做下去
- 不想上健身房

「適度負荷」、「正確姿勢」、「持之以恆」
是做肌力訓練的不二法門。
正是本書要為大家介紹的**「地獄60秒肌力訓練」**。
不過醜話要說在前頭，比起坊間輕鬆的減肥法，
地獄60秒肌力訓練可是相當吃力。
雖然吃力，相對卻具有這些優勢：

1

鍛鍊到好幾個部位，
訓練效率佳！

2

鍛鍊正確位置
馬上做馬上見效！

如果你總是在找尋最新的減肥方法，
或者一直在購買不可能見效的減肥食品，
現在，眼前有兩條路供你選擇，

你想要一輩子深陷減肥地獄？

還是靠地獄60秒肌力訓練擁有理想的身材？

3
短時間就結束
讓人持之以恆！

讓我來教你正確又有效的方法！

大家好，我是YUTORE。我現在是一名私人健身教練，同時每天還會在社群網站上發布「居家訓練法」。截至目前為止，照著我設計的訓練法鍛鍊的人，不分男女老幼皆成果顯赫。我認為肌力訓練一定要能看出成果，才會做得開心！

俗話說「肌肉不會背叛你」，只要好好鍛鍊肌肉，一定可以看出成果。但是，如果總是半信半疑「是否真的那麼有效」，就會漸漸感到不安，無法相信自己的能力，以為「自己做不到」。再加上訓練時，如果沒有按部就班，一下子就增加太多負荷，有時還會害人喪失動力，不想再繼續進行肌訓。

其實，一切端看你的訓練方式做得正不正確。當你能判斷自己沒有做錯，就會充滿自信，如此一來就一定可以展現成果。所以，我所設計的這套超有效訓練法，最大宗旨就是「用正確姿勢做肌力訓練，發揮最佳效率」。就讓我陪著大家一起交出亮眼的成績單吧！請大家放心，因為保證有效！

コウトレ

腰部、大腿都變鬆了！

地獄 60 秒
1 個月
肌訓挑戰

秋山小姐

BEFORE

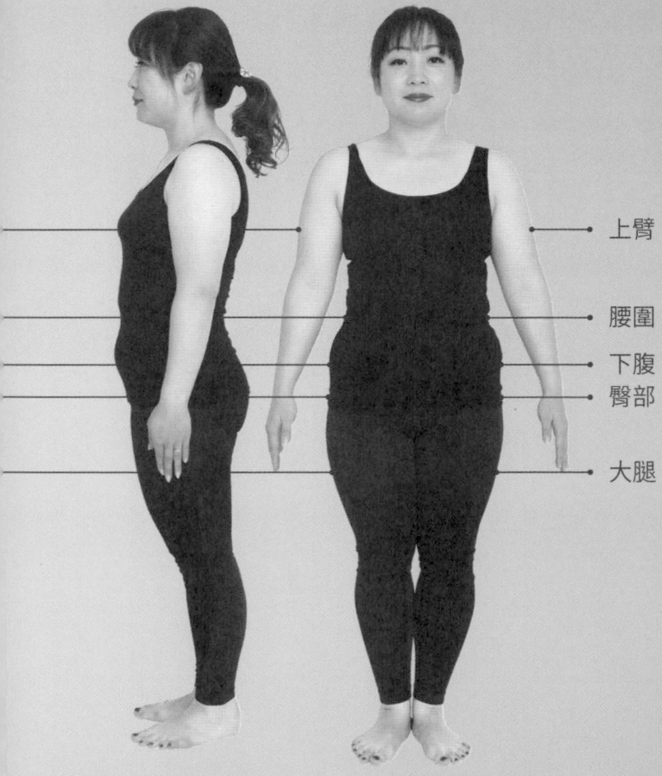

一直很在意腹部和大腿的部位，所以想要加強鍛鍊。熟悉鍛鍊動作之後，從第三週開始放慢速度，還減少了中途休息的時間。結果竟發現，平時穿慣的褲子變鬆了，大腿也不會緊緊的。地獄60秒肌力訓練真的是比我想像的還要有效！

目標

- ✦ 讓下半身變緊實！

個人原則

- ✦ 主攻腹部和大腿做訓練
- ✦ 進階訓練時用波比跳（ p.99）趁勝追擊
- ✦ 減少油膩食物、酒類、米飯的攝取

腹部減 3.5cm！穿褲子時

AFTER

體重

-3.1kg

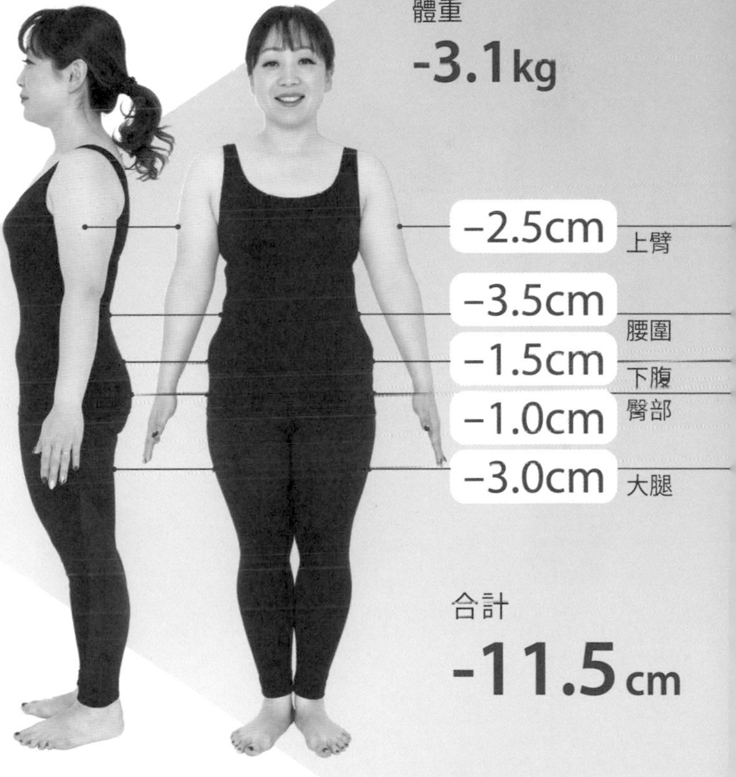

合計

-11.5cm

鍛鍊腹部最容易看出成果，所以專攻腹部是正確的選擇。熟悉動作之後，在觀察訓練是否見效的同時，減少休息時間趁勝追擊這點做得非常棒，而且有努力堅持到最後！

哪一種訓練法最有效？

單車式捲腹（→ p.54）

最吃力的就屬這個動作。一開始只有手腳一直動個不停，所以完全看不出成果。後來修正成正確姿勢，當身體變成「く」字型時暫停 2 秒左右，後來每次做完都會痠痛。

十年以上的便祕體質！

地獄 60 秒 1 個月 肌訓挑戰

八木先生

BEFORE

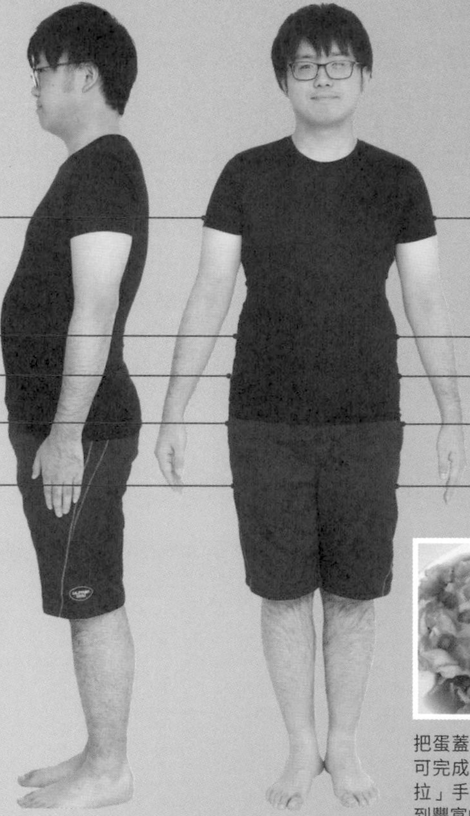

我最喜歡吃東西和下廚，不知不覺中，肚子竟長出了一層游泳圈。所以我主要針對腹部做訓練，並且養成在洗澡前做訓練的習慣。不需要任何器具，在家就能做的地獄60秒肌力訓練實在太讚了。甚至設想周到，訓練期間還可以吃「天津雞肉沙拉」這種美味的減肥餐。而且最叫人驚訝的是，居然連長久困擾我的便祕問題也治好了！

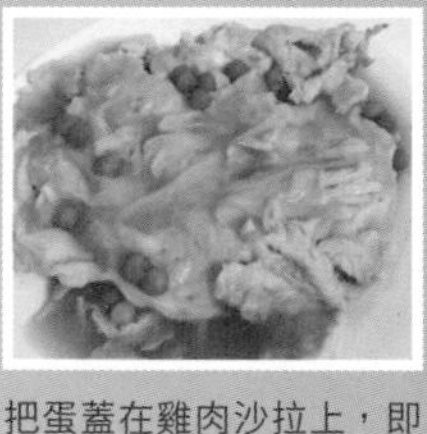

把蛋蓋在雞肉沙拉上，即可完成這道「天津雞肉沙拉」手作料理。可以攝取到豐富的蛋白質！

目標

- ✦ 希望聽到別人稱讚自己「肚子變小了」！

個人原則

- ✦ 養成在洗澡前針對腹部做訓練的習慣
- ✦ 熟悉動作後增加次數，同時拉長維持的秒數
- ✦ 一天攝取 60g 以上的蛋白質

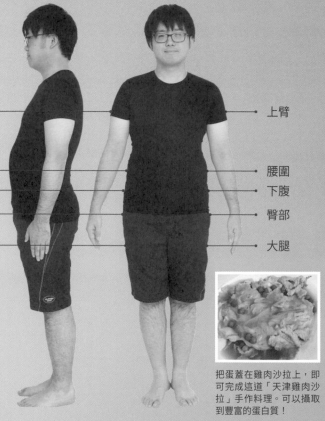

啤酒肚消下去，改善困擾

AFTER

聽說之前八木先生最愛吃橫濱家系拉麵。雖然現在偶爾還是會去吃拉麵排解壓力，不過這種作法很正確。逐步增加訓練的次數，而且不會輕易放縱，這點也做得很好！

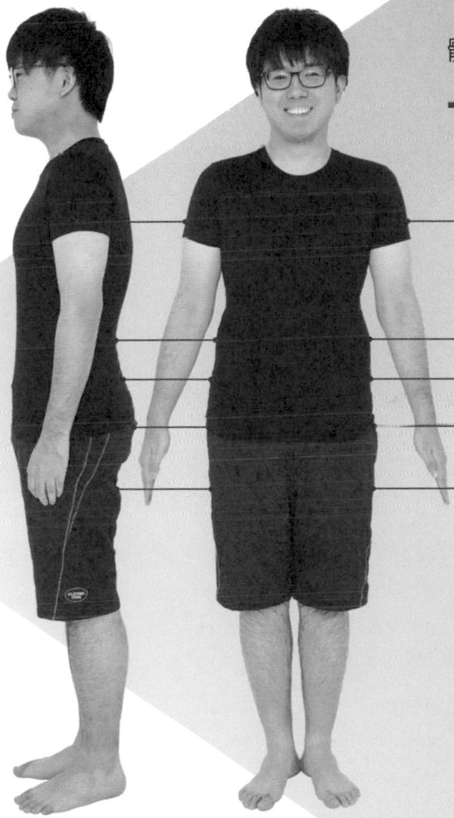

體重

-2kg

–1.0cm 大腿

–7.0cm 大腿

–6.0cm 大腿

–4.5cm 大腿

–0cm 大腿

合計

-18.5cm

哪一種訓練法最見效？

直手平板支撐（→ p.80）

這個動作全身都見效！但是很吃力，所以一開始只能做到四次，不過姿勢正確最重要，慢慢地肌肉就會長出來。「只要堅持下去，肌肉不會背叛你」這句話真的很有感！

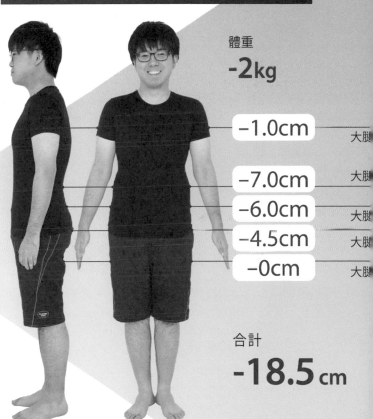

要大膽穿上比基尼！

地獄 60 秒
1 個月
肌訓挑戰

瀨川小姐

BEFORE

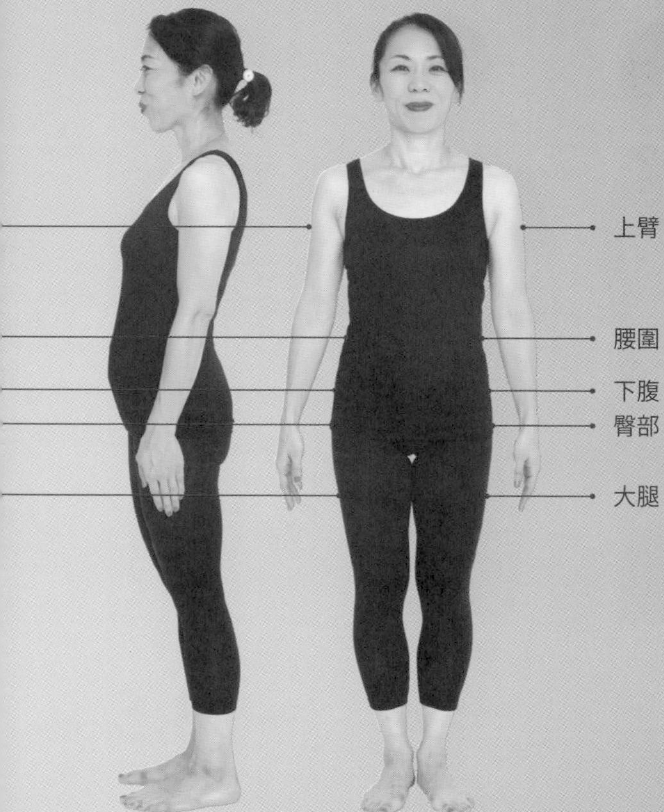

我希望能用正確姿勢鍛鍊，所以在訓練的同時用手機錄影，結果一看才發現不是姿勢很奇怪，就是動作做太快，完全沒有達到標準，實在深受打擊。後來修正姿勢之後，才驚覺原來正確訓練如此吃力。但是**當我能做到完美的動作時，不但超有成就感，效果也真的非常明顯！**

目標

- 想減掉背部與大腿上的贅肉！

個人原則

- 一天做基礎篇，一天做進階篇，每天輪流做
- 錄下自己做訓練的過程檢查姿勢
- 把訓練法和伸展操的照片貼在牆上照著做

背部的贅肉不見了，接下來

AFTER

能錄影檢查姿勢這點實在很棒！甚至還上傳到IG上讓我檢查，瀨川小姐真的很努力喔。我十分推薦大家可以請他人幫忙檢查姿勢，訓練中才不會偷懶！

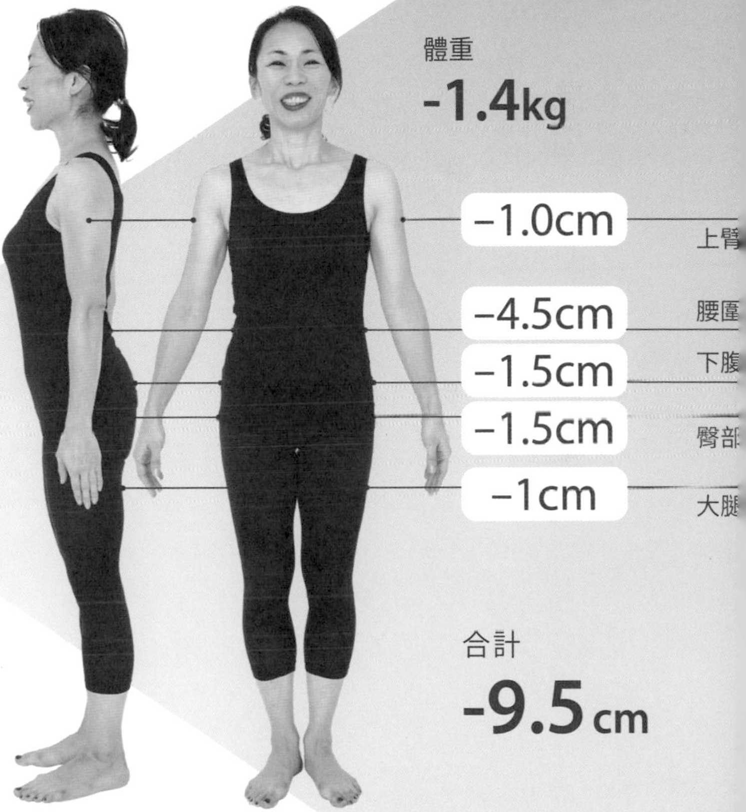

哪一種訓練法最見效？

側弓步蹲（p.46）

維持正確的姿勢真的很難，我在做側弓步蹲、直手平板支撐（→ p.80）、後弓步蹲轉體（→ p.64）時，會請兒子幫我檢查動作，經常發現姿勢做錯了，由此可見客觀檢視真的很重要。

CONTENTS

Chapter.2

地獄60秒肌力訓練・基礎篇&進階篇

本書使用說明

標準秒數

做一個動作需要的參考速度

訓練計畫的順序

說明是基礎篇、進階篇的第幾項訓練

有效部位

標示出做這項訓練有效的部位

訓練名稱

在這個頁面所介紹的訓練名稱

Chapter.2

標準次數

無法做出正確姿勢的人

「EASY」是嘗試正確訓練內容時，身體會搖晃無法維持姿勢、做不出照片中姿勢的時候，可以降低難度進行的 EASY 訓練。請先練習做這些「EASY」的訓練，等到動作都能完成之後，再來挑戰原先的正確姿勢。不過「有效部位」會和正確姿勢的訓練有些不同。

鍛鍊部位

標出圖中訓練動作鍛鍊到的部位。

呼吸

共有「吸氣」、「吐氣」、「自然呼吸」這幾種方式。請搭配動作留意呼吸方式。

影片 QR Code

掃描 QR Code，就能透過影片檢視這個頁面的訓練動作。

※可能在未經預告下，變更或停止影片的公開播放。

※由於機種以及通訊環境的關係，有時會無法重播影片。

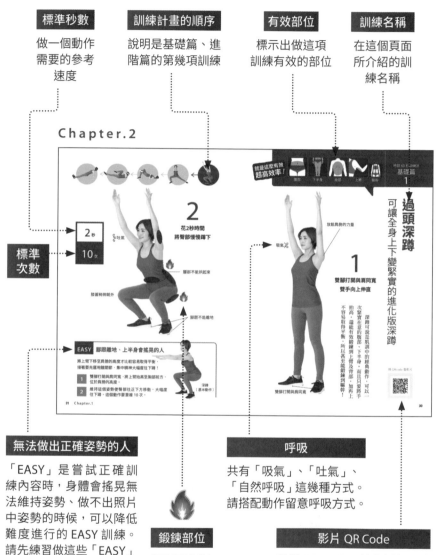

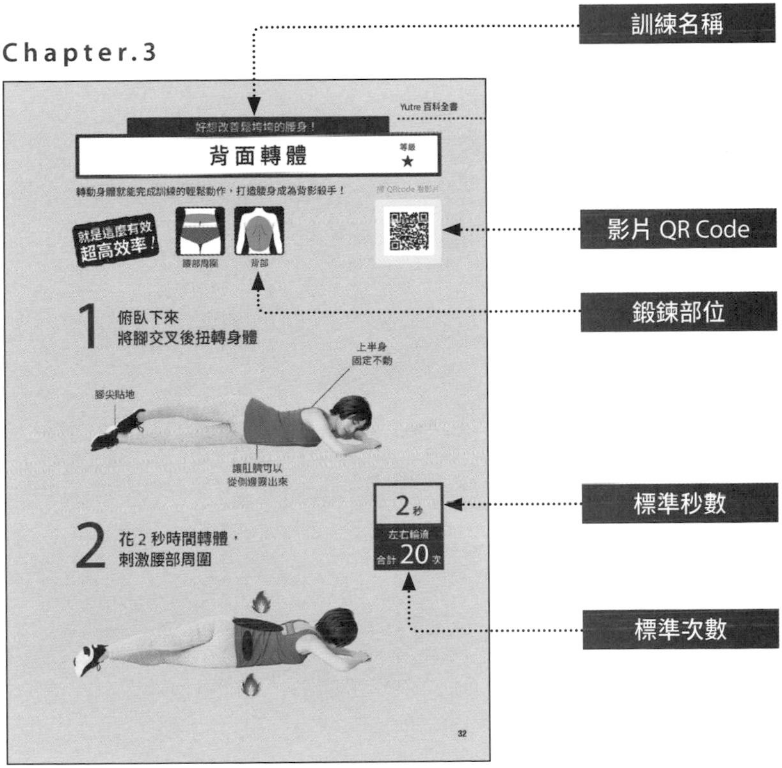

訓練時的注意事項

進行訓練期間，當膝蓋、腰部、髖關節、肩膀、手肘等處關節出現疼痛狀況時，請停止訓練。

Chapter.1

地獄 60 秒肌力訓練
重要觀念篇

身為一名私人健身教練，為了幫助更多人擁有理想的身材，我一直透過社群網站分享在家就能做的訓練，也就是「地獄 60 秒肌力訓練」。除了簡單易懂以及有效之外，深受許多人支持的理由還有一點，就是「極有效率」。

Message
From
YUTORE
既然要做肌力訓練，就要做得有效率！
雖然動作吃力，卻能確實練出肌肉，
讓我陪大家一起打造出理想的身材！

地獄60秒肌力訓練

＝

超高效率的肌力訓練

真心想要瘦下來的人，更應該講究效率

「好想瘦下來！可是卻堅持不下去」，這樣的瓶頸，減肥中的人大家都會遇到。這是為什麼呢？理由應該百百種，比方說很麻煩、沒時間……，不過最主要的原因，應該是「效率不佳」的關係。都已經每天勤勞執行、花費大把時間了，卻總是看不出成果，這樣當然會堅持不下去。

所以我要給大家的建議，就是做「超高效率的訓練法」。時間短、次數少，而且還能在好幾個部位發揮效果，甚至不必每天做。相對做起來比較吃力，不過會使人很有成就感、讓人做到欲罷不能。像這樣超高效率的訓練法，大家要不要來試試看？

1

做起來吃力
但是短時間
就結束

2

講究
正確的姿勢

3

一種訓練
能鍛鍊到
好幾個部位

徹底解說 1

做起來吃力但時間短的優點有哪些？

「短時間集中鍛鍊」乃肌力訓練一大原則

「做起來輕鬆但時間長的訓練」與「做起來吃力但時間短的訓練」，你會選擇哪一種？我會推薦剛開始接觸肌力訓練的人，做「吃力但時間短的訓練」比較好。時間短的訓練，就能趁著工作或家事空檔，還有就寢前等日常瑣碎的時間來做，所以容易養成習慣。而且最重要的是，想長肌肉必須在訓練期間安排適度的休息時間才行。也就是說，「短時間集中鍛鍊後，接著須充分休息」，這才是最有效率的訓練祕訣。

Reason 1

時間短才容易持續集中注意力！

在做訓練的期間，必須將注意力放在正在鍛鍊的部位上，集中精神努力訓練是非常重要的一件事。據說「人類的注意力只能持續 15 分鐘」，而本書每一項訓練大約需時 60 秒，就算搭配好幾種訓練一起做，1 回合花 5 ～ 10 分鐘就結束了。只要想著「5 分鐘就結束了」，相信在心情上也會感到很輕鬆，而容易堅持下去。

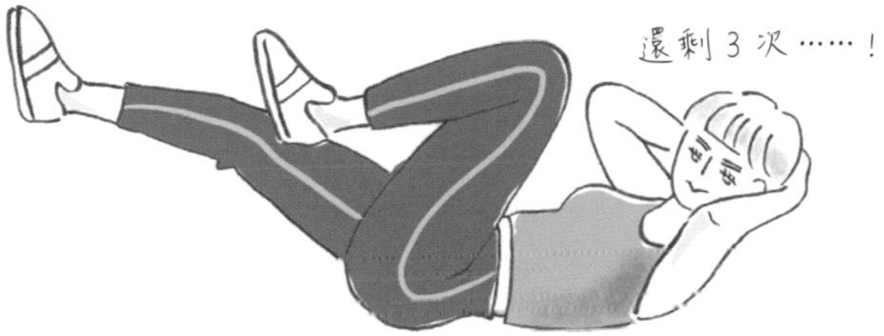

Reason 2

肌肉量少的人也能完成訓練！

對體力沒有自信的人，突然要長時間做訓練，實在很不切實際。就算可以完成訓練，但要是最後太累讓人「不想再做」，可就本末倒置了。關於這一點，地獄 60 秒肌力訓練做起來雖然吃力，但是一下子就結束了。吃力＝代表有效。短時間也能完全鍛鍊到身體的話，效果一定會展現出來。

徹底解說 2

講究正確姿勢的優點有哪些？

錯誤的姿勢做再多訓練都是白費力氣！

「隨便」照著做的訓練，一點意義也沒有。假使你的心態是有做過訓練就好的話，有時說不定會出現反效果，害得想變細的部位變粗，甚至身體會受傷。「用正確姿勢做訓練」是非常重要的一件事。書中會為大家詳盡解說「正確的姿勢」與「作用於哪個部位」，這樣做訓練才會有效果，所以即便是剛開始健身的人，不用上健身房也可以自己在家做肌力訓練。

Reason 3

錯誤姿勢得不到好的鍛鍊效果

地獄 60 秒肌力訓練的目標，是要在最短時間內用最適當的方式，還要同時獲得好幾種效果。但是只要姿勢不正確，不管增加多少時間與次數，遠不及用正確姿勢做一次的效果。無法做到指定次數的人，先用完美的姿勢做一次即可，讓身體記住這樣的感覺。

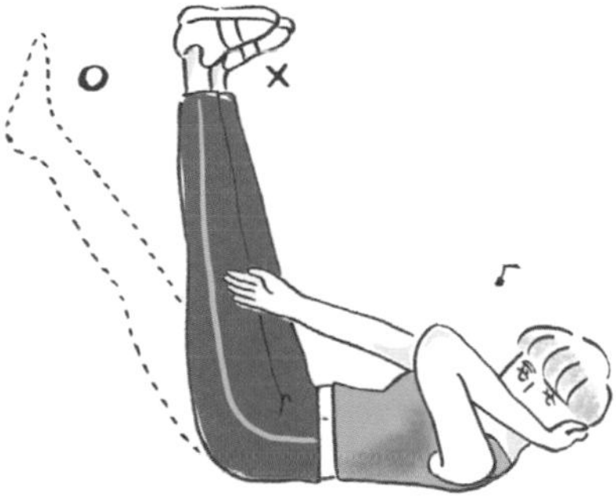

Reason 4

錯誤的姿勢恐使身體受傷！

做訓練時一直想著好吃力，除了無法按照計畫完成鍛鍊之外，最壞的狀況，還會造成身體多餘負擔，恐會導致膝蓋或手腕等處受傷。假使在訓練過程中，除了必須鍛鍊到的部位，有其他地方覺得怪怪的話，大多都是姿勢做錯了，請參閱解說、照片、影片中的正確姿勢檢查看看。

徹底解說 3

一次鍛鍊好幾個部位的優點有哪些？

訓練不用多也能鍛鍊到全身

在意的部位如果每一處都想鍛鍊到的話，必須做好幾種訓練才行，於是就得花費大把時間，相當麻煩。再者，要記住的重點也會變多，因此在完全精通之前，姿勢通常都會做不好。如此一來，感覺做訓練很麻煩而備受挫折的風險也會升高。正因為如此，本書才會十分講究「短時間正確做訓練使效果完全發揮」這一點，用一個動作就能鍛鍊到好幾個部位，嚴選出真正可以一石數鳥的訓練法。

Reason 5

變化少的訓練也不成問題

許多訓練要從頭到尾正確地做到完美的境界，門檻實在很高。地獄60秒肌力訓練只要一個動作就能極有效率地鍛鍊到好幾個部位，所以首先只要將「基礎篇」（→ p.40）的五種訓練做到熟練就行了。單靠五種訓練，就能鍛鍊到全身上下。

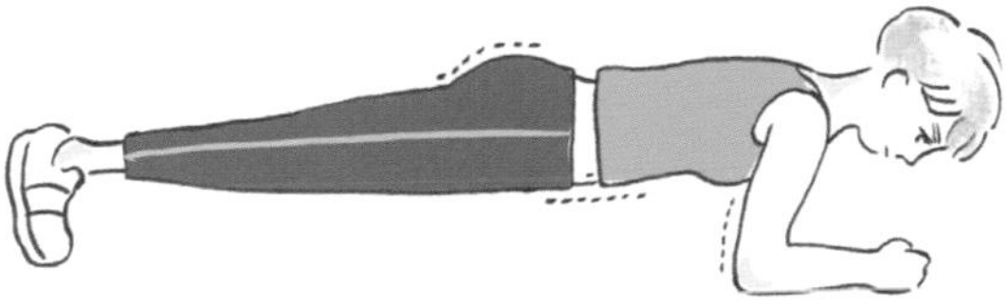

Reason 6

能均衡鍛鍊全身！

自己想怎麼做就怎麼做的肌力訓練，通常會出現動作偏重某一部位，有時應該鍛鍊到的部位甚至無法好好鍛鍊⋯⋯這類情形。所以更要靠能夠有效鍛鍊好幾個部位的地獄60秒肌力訓練，仔細鍛鍊全身上下，然後再針對想要重點鍛鍊的部位，從Chapter.3「地獄60秒肌力訓練‧局部鍛鍊篇」（→ p.84）中選出幾種訓練額外做。

地獄 60 秒肌力訓練
四週肌力計畫

本書嚴選出極有效且最快速能瘦下來的訓練法，設計出兩款訓練方案，「地獄 60 秒肌力訓練．基礎篇」與「地獄 60 秒肌力訓練．進階篇」（詳細內容 → p.40、p.62）。

不用每天做訓練也無妨，另外，還會教大家如何安排有效率鍛鍊身體的日程。

第一週　　**教練的話**

週一	地獄 60 秒肌力訓練 基礎篇 ×1 回合	開始訓練之前，須**拍攝全身照片與測量身材尺寸**。建議大家將數字記錄下來，但是不要受數字影響心情，只是當作一個目標，才會有成就感。
週二	休息 出現肌肉痠痛！	相信絕大多數的人都會**肌肉痠痛**，這樣代表**訓練很有效**，所以肌肉痠痛才正確！大家可將肌肉痠痛視為訓練是否見效的衡量標準。
週三	休息 肌肉痠痛消失♡	做完訓練後須間隔一天，讓肌肉休息一下。第一次做可以休息 2 天，否則**在肌肉痠痛的狀態下做訓練的話，姿勢會走樣**，訓練就會徒勞無功。

週四

地獄 60 秒肌力訓練
基礎篇 ×1 回合

這是本週第二次做訓練，必須檢查一下，動作有沒有比星期一做得更好！假使姿勢做得不正確就要減少次數，提醒自己「**盡量完成正確的姿勢**」。

週五

休息

再次出現肌肉痠痛！

做完第二次訓練之後，應該還是有很多人會感到肌肉痠痛，也許肌肉痠痛的程度比上次輕微了，不過**完全沒受到影響**的人，說不定並**沒有確實鍛鍊到肌肉**。

週六

地獄 60 秒肌力訓練
基礎篇 ×1 回合

這是本週的第三次訓練，熟練之後，**要將做動作的速度放慢**，並在**最吃力的地方維持 2 秒左右**，這樣才能進一步鍛鍊到肌肉！

週日

休息

這一週辛苦了！馬上來測量看看吧。大家要好好掌握自己的身體，看看第一次一週做 3 次訓練後出現了哪些變化，這點非常重要。

第二週

一 四 六

地獄 60 秒肌力訓練
進階篇 ×1 回合

二 三 五 日
休息

教練的話 第二週要改做「地獄 60 秒肌力訓練・進階篇」，並試著參考和第一週相同的日程做訓練。進階篇多數都是高難度姿勢的訓練，所以請大家不必焦急，「盡量完成正確的姿勢」即可。做不到的人再從「EASY」開始做！

第三週

一 四 六

地獄 60 秒肌力訓練
基礎篇 ×1 回合
＋
地獄 60 秒肌力訓練
進階篇 ×1 回合

二 三 五 日
休息

教練的話 進入第三週之後，身體漸漸習慣了，因此會進行「基礎篇＋進階篇」，逐步增加負荷。可以輕鬆做完的人，及完全不會肌肉痠痛的人，不妨試著增加次數。

第四週

一 四 六

地獄 60 秒肌力訓練
基礎篇 ×2 回合
＋
地獄 60 秒肌力訓練
局部鍛鍊篇
從中選一

二 三 五 日
休息

教練的話 第四週要做「進階篇 ×2 回合」，進一步增強負荷。想針對某些部位做訓練的人，可從「地獄 60 秒肌力訓練・局部鍛鍊篇」（ p.84）中，選出符合目的的訓練額外做，訓練種類增加到 6 ～ 7 種也沒關係。

Continue

獲得肌肉記憶！

所謂的肌肉記憶，就是指曾經長出來的肌肉，身體會記住這樣的狀態。
養成健身的習慣之後，肌肉就不會如此輕易消失了。
現在你也可以靠地獄 60 秒肌力訓練
實現一輩子易瘦的體質！

正確鍛鍊的預備動作

上半身伸展操

側腹的伸展操

1 雙手於頭頂交握，往上伸直

2 繼續伸直雙手，一面將身體朝側邊傾倒

伸直雙手的同時，
將身體朝側邊傾倒，
並注意膝蓋不能彎曲。

脖子不能縮起來，
想像持續延伸的感覺。

＼ POINT ／
像彈簧一樣
拉～開來！

伸展操可以發揮這些效果！

- ✽ 關節可動範圍變大，訓練效果更好！
- ✽ 使歪斜的關節回到正確位置。
- ✽ 有助於改善駝背等不良姿勢。
- ✽ 打造出具彈性又柔軟的肌肉！

肌肉僵硬動不了、用錯誤方式使用身體的人，做再多肌力訓練也無法完成正確姿勢，也很難達到效果。尤其是坐辦公桌工作的人，多數都是側腹硬邦邦、胸部肌肉縮成一團的人，所以要透過伸展操好好伸展開來。

胸部的伸展操

1 雙手於背後交握，稍微往上抬高

2 肩膀打開，將胸部橫向拉開

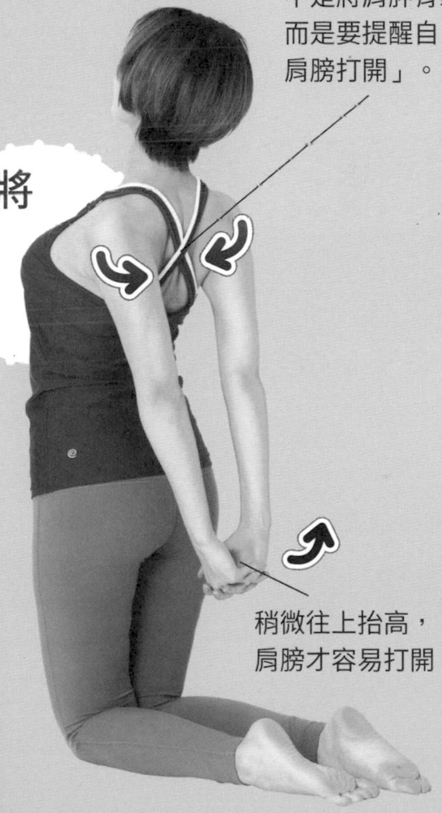
不是將肩胛骨靠攏，而是要提醒自己「將肩膀打開」。
\ POINT /
肩膀打開，再將胸部挺出來！

這類型的人要做上半身伸展操！

- ✱ 手臂抬高後肩膀就會縮起來的人。
- ✱ 駝背、肩膀內縮的人。
- ✱ 肩膀、脖子痠痛的人。

正確鍛鍊的預備動作

下半身伸展操

髖關節的伸展操

1 雙腳前後打開一大步，膝蓋貼地

2 維持這個姿勢，將體重完全落在前腳上

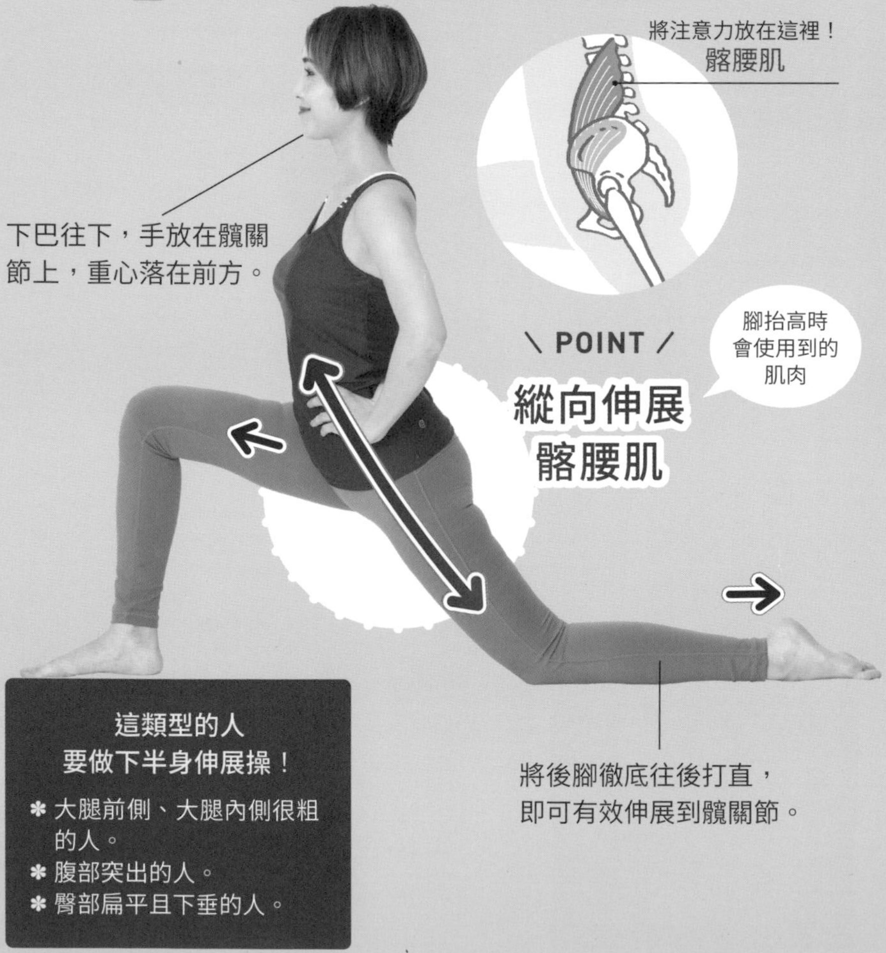

將注意力放在這裡！
髂腰肌
下巴往下，手放在髖關節上，重心落在前方。
\ POINT /
縱向伸展
髂腰肌
腳抬高時會使用到的肌肉
將後腳徹底往後打直，即可有效伸展到髖關節。

這類型的人
要做下半身伸展操！

- ✽ 大腿前側、大腿內側很粗的人。
- ✽ 腹部突出的人。
- ✽ 臀部扁平且下垂的人。

腹部突出、大腿前側粗壯、臀部扁平又下垂的人，極多數都是髖關節周圍十分僵硬！髖關節僵硬的話，做下半身的肌力訓練時，體重只會落在大腿前側，使得大腿前側愈來愈緊繃，所以須充分放鬆髖關節。

臀部、側腹及胸部的伸展操

1 **仰躺下來，單腳膝蓋彎曲向側邊轉體，使彎曲的膝蓋位於上方**

2 **轉體朝左時，右手往斜上方伸直，將身體打開**

＼ POINT ／

一口氣讓3個部位伸展開來！

臀部、側腹、胸部全都是容易硬邦邦的地方。

手臂不往側邊，而是朝斜上方伸直，這樣胸部和側腹才會伸展開來。

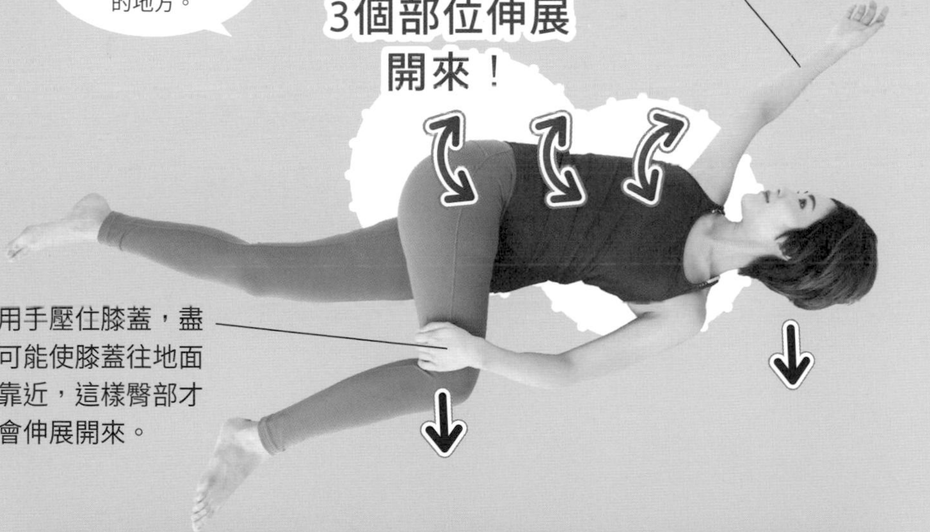

用手壓住膝蓋，盡可能使膝蓋往地面靠近，這樣臀部才會伸展開來。

什麼時候做伸展操比較好？

1 建議 1 天做 10 秒即可，但是要每天做。

2 身體僵硬的人、平常沒在做運動的人，應在做訓練之前做伸展操，使關節可動範圍變大。

3 已經養成健身習慣的人，可在訓練結束後做伸展操，以防止肌肉僵硬。

4 覺得很累的日子，應暫停做訓練，並在入浴後做伸展操，消除疲勞。

Chapter.2

地獄 60 秒肌力訓練
基礎篇 & 進階篇

從社群網站上引發熱烈回響大受歡迎的訓練法中，嚴選出「超高效率」的幾款！單靠這 5 種訓練法，就能實現全身緊實的目標。如果是初次接觸肌力訓練，第一步先來做「基礎篇」課程；熟練之後，再來做稍微累一點，但超有感的「進階篇」課程。

Message From YUTORE

本章將為各位呈現 YUTORE 的嚴選健身菜單！

訓練期間堅守正確姿勢，並下定決心持之以恆，

保證一定能看到很棒的成果！

超高效率訓練計畫

地獄 60 秒肌力訓練
基礎篇

地獄 60 秒肌力訓練 RULE

- ☑ 訓練每隔一天再做就行了
- ☑ 留意姿勢要正確，這比做幾次更重要
- ☑ 動作要慢慢進行，至少要花費 2 秒以上
- ☑ 姿勢不正確的人從 EASY 開始做起

精心設計的超高效率訓練計畫，保證能看到效果！

假如你是那種「不知道哪種訓練該做幾次才好」的人，這次的訓練計畫，可幫助你有效率地鍛鍊到全身上下，內容包含適合初學者的「地獄60秒肌力訓練・基礎篇」，以及進階版本的「地獄60秒肌力訓練・進階篇」。

關鍵在於，要用正確姿勢慢慢進行。因此在每個訓練法中，都會針對正確姿勢作詳盡解說。姿勢不正確，一定看不出效果。做不到正確姿勢的人，請從比較簡單的「EASY」開始做起。等到熟練後，再增加回合數，或是每次分別增加各個訓練的次數，逐漸加大負荷！

1

過頭深蹲 ×10 次

全身見效，
還能提升代謝！

休息
10 秒

2

側弓步蹲 ×10 次

讓大腿內側出現縫隙！

休息
10 秒

3

單腳提臀 ×10 次

緊實大腿與臀部！

休息
10 秒

4

單車式捲腹 ×10 次

有效鍛鍊腹部周圍
打造腰身曲線！

休息
10 秒

5

反身平板支撐 ×20 次

背部＋上臂＋臀部＋腹部
＋大腿後側，一石五鳥！

休息
10 秒

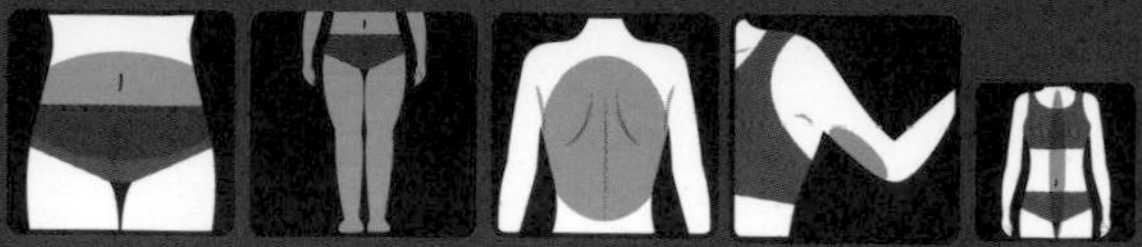

過頭深蹲

可讓全身上下變緊實的進化版深蹲

深蹲可說是肌訓中的經典動作，可以一次緊實在意的腹部、下半身。而且只要將手抬高，還能有效鍛鍊到上臂及背部，再加上不容易取得平衡，所以甚至能鍛鍊到軀幹！

1

雙腳打開與肩同寬
雙手向上伸直

掃 QRcode 看影片

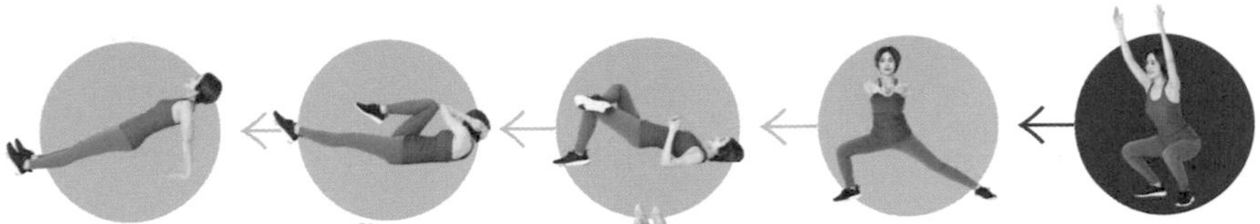

腰部不能拱起來
膝蓋稍微朝外
腳跟不能離地

2

花2秒時間
將臀部慢慢蹲下

2秒	10次

EASY 腳跟離地、上半身會搖晃的人

將上臂下移至肩膀的高度才比較容易取得平衡，
接著要先運用髖關節，集中精神大幅度往下蹲！

1. 雙腳打開與肩同寬，將上臂抬高至胸部前方、位於肩膀的高度。
2. 維持這個姿勢使臀部往正下方移動，大幅度往下蹲。這個動作要重複 10 次。

深蹲
（基本動作）

將髖關節往外側打開，同時腳底用力，往腳踝正下方踏穩。

指導大家健身時，我常發現許多人在執行深蹲當中，會出現身體搖晃，且腳跟抬高、膝蓋超出腳尖等狀況；還有一些人，因為髖關節周圍的肌肉僵硬，無法大幅度往下蹲，主要都用膝蓋在深蹲。這樣一來，每次健身大腿前側就會緊繃，導致膝蓋受傷的危險性非常之大。

這類型的人，蹲下時髖關節通常會偏向內側，因此請提醒自己在做訓練時要將髖關節往外側打開。只要將重心移到腳踝正下方，就可以輕鬆往下蹲了。最重要的是，平時要做做伸展操提升髖關節的柔軟度，以及利用「EASY」的深蹲記住重心正確的位置。

NG

腳跟抬高

↓腳踝、膝蓋、髖關節的肌肉僵硬，體重全落在膝蓋上

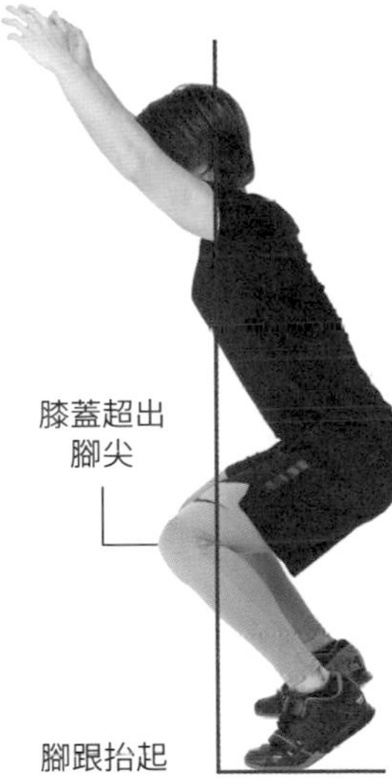

NG

無法大幅度往下蹲

↓沒有使用到髖關節周圍的肌肉，無法鍛鍊到臀部與大腿

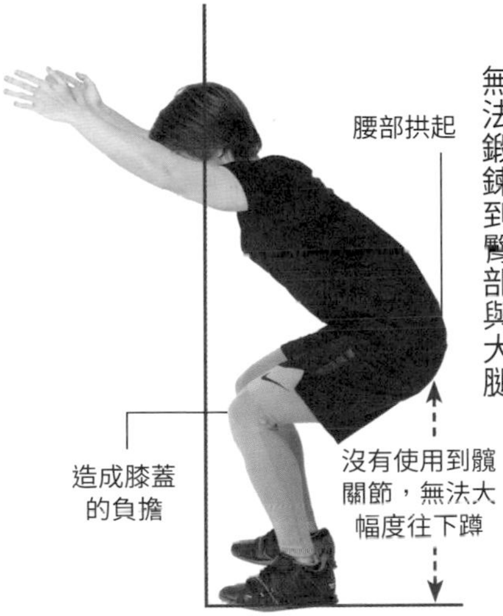

OK

腳跟貼地且腰部下移低於膝蓋

↓會鍛鍊到臀部、大腿後側！

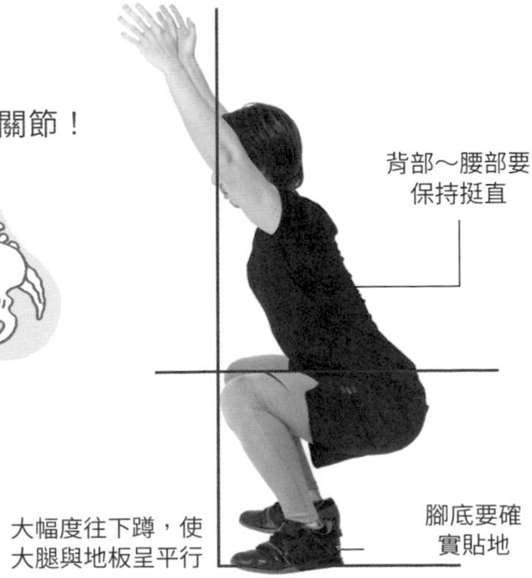

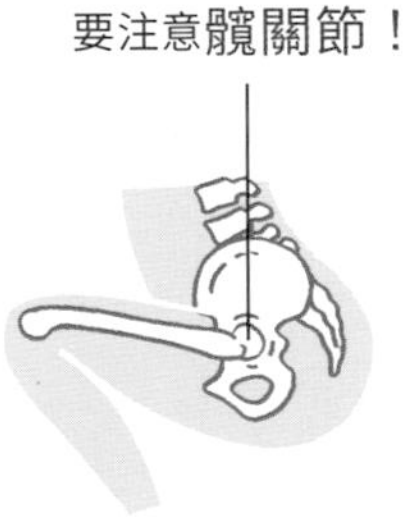

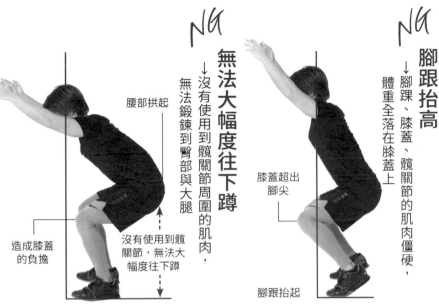

超高效率！

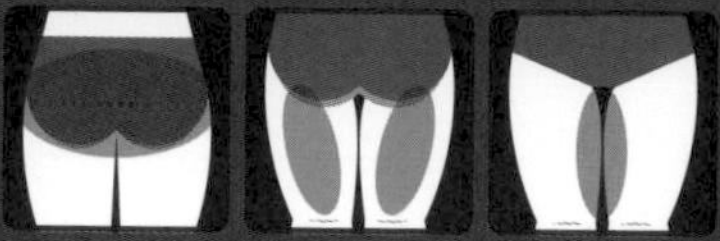

側弓步蹲

美腿&美尻必備項目！
練出大腿內側的縫隙！

1

將雙腳打開至肩膀的2倍寬度左右

大腿內側沒有縫隙、坐著時發現腳會打開的人，代表大腿內側的肌力下滑了。在日常生活中很少會使用到大腿內側，因此往往都會鬆弛，可藉由大幅度活動髖關節加以緊實。

掃 QRcode 看影片

2

將體重落在單腳上
再花2秒鐘大幅度往下蹲

2秒

左右輪流
合計10次

EASY 腳跟離地、視線會朝下移動的人

臀部及大腿後側的肌肉無力，身體軸心容易不穩。如能一面將臀部緊縮一面活動上半身的話，就能防止身體搖晃。

1. 雙腳打開至肩膀的2倍寬度左右，單手插腰，接著用另一隻手觸碰對向的腳跟。
2. 另一邊也是相同作法，單側各花費2秒時間，放慢動作重複做10次。

膝蓋與腳尖朝外打開45度，即可運用髖關節做出正確姿勢！

這類將髖關節打開再左右滑動的動作，在日常生活中幾乎不會出現。所以髖關節硬邦邦，再加上大腿內側鬆弛的人，往下蹲的時候背部容易拱起來，視線還會往下看。這樣一來，不僅臀部達不到訓練效果，體重還會落在大腿前側，變得很緊繃。所以進行鍛鍊時，就算上半身前傾也無妨，要提醒自己將背部挺直、視線朝向正前方，維持這樣的狀態。

正確進行訓練的祕訣，就是當體重落在哪一隻腳上，那一隻腳的腳尖與膝蓋就要朝外45度左右。讓髖關節朝外再活動的話，臀部周圍才會有鍛鍊到的感覺。隔天要是臀部和大腿內側會肌肉痠痛的話，代表姿勢做得十分正確。

NG 體重落在大腿前側

→大腿前側會變粗

NG 腰部沒有往下移動

→不會鍛鍊到臀部

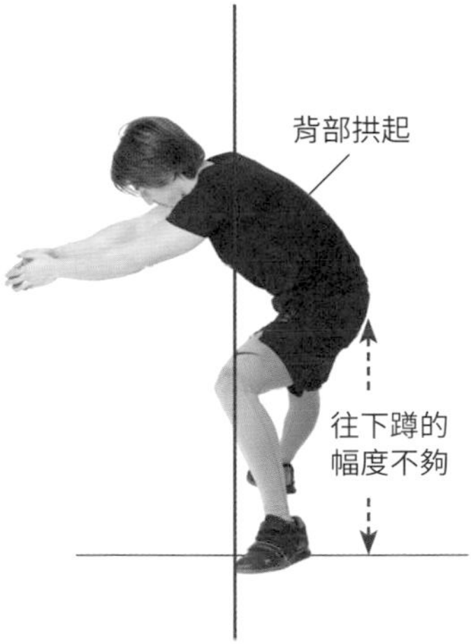

OK 髖關節往外打開45度

→臀部周圍都會鍛鍊到！

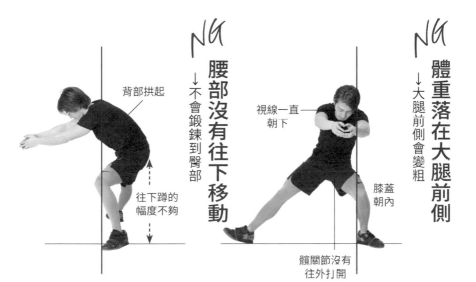

超高效率！

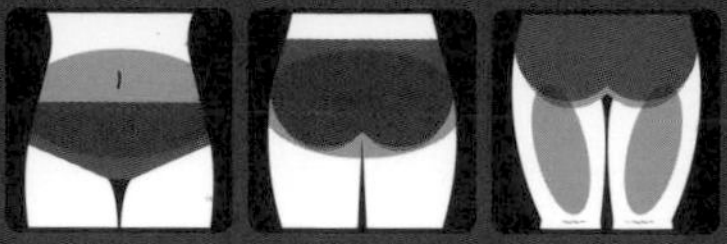
腹部
臀部
大腿內側

單腳提臀

動作簡單卻很吃力
跟扁平的臀部說再見！

1

呈仰躺姿將膝蓋立起
單腳的腳踝放在膝蓋上

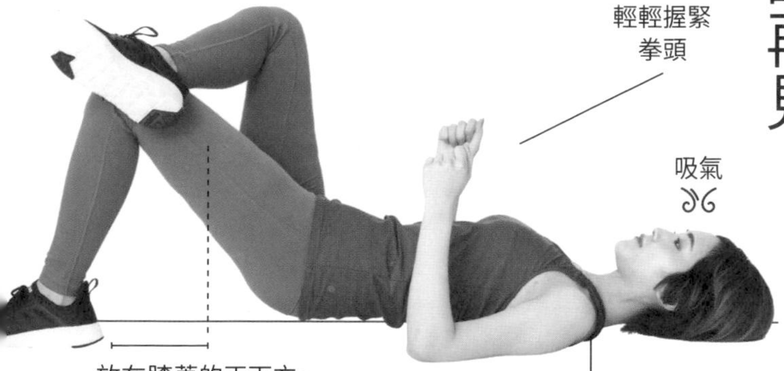
單腳放在膝蓋上增加負荷
放在膝蓋的正下方～距離一個腳掌的長度
放鬆手臂的力量

藉由單腳放在膝蓋上的姿勢增加負荷，用力收緊臀部至大腿內側。臀部扁平往橫向發展，或屁股跟大腿鬆垮垮連在一起的人一定要練。這個動作不僅能塑造出大腿內側與臀部之間的曲線，也非常適合作為髖關節的暖身動作。

掃 QRcode 看影片

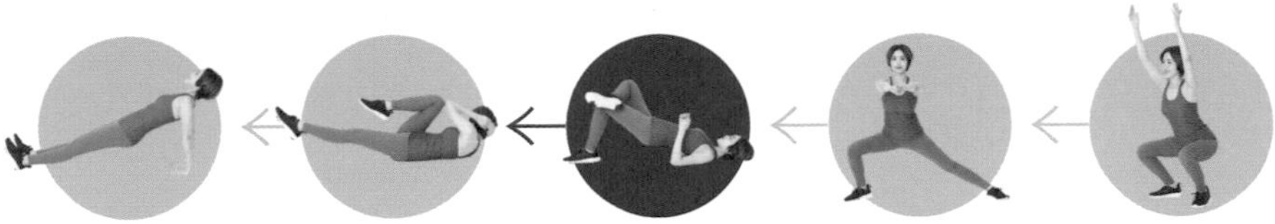

2秒

左右
合計10次

2
花2秒時間抬高臀部，
再花2秒時間降下臀部

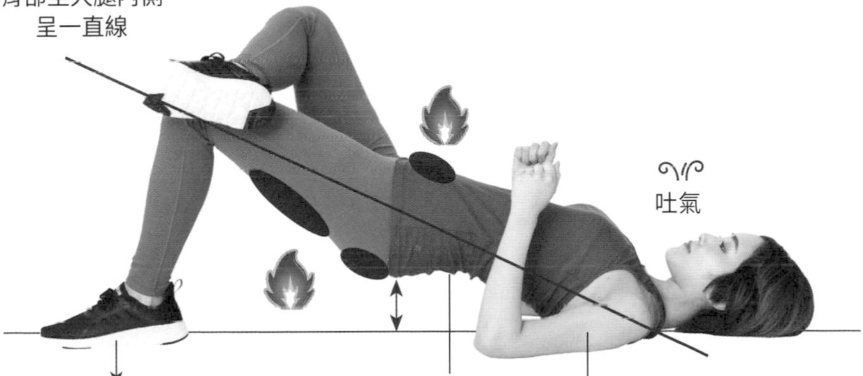
背部至大腿內側
腳底用力往下踏
腰部不能後仰
放鬆上臂的力量

EASY 腰會痛、軸心不穩的人

因為軀幹無力的關係，所以將臀部抬高時腰部容易後仰。
一開始須用雙腳用力支撐再做動作。

1 仰躺下來，雙膝彎曲。接著將雙肘彎曲後輕輕握拳。

2 慢慢將臀部抬高。這時候須留意背部至大腿後側須呈一直線。

抬臀

抬高臀部時緊縮臀肌。感覺有鍛鍊到臀部、大腿內側、腹部，就代表提臀動作做得很確實！

只要將臀部上下動一動，就很容易意識到髖關節在活動，因此建議髖關節僵硬的人，可以將這項訓練當作重點執行的項目。不過上下活動臀部時，盡可能要放慢速度進行。

女性腰部後仰的人十分常見，這樣除了會造成腰部受傷之外，負荷還會集中在大腿前側，導致大腿很緊繃。再加上貼地的那隻腳距離臀部位置太遠的話，臀部會無法使力，因此效果很難顯現。所以要仰躺下來再將膝蓋彎曲，使腳跟靠近臀部，位在距離膝蓋下方一隻腳遠的地方垂直立起，用這種姿勢做訓練才正確。

用正確的姿勢做訓練，在抬高臀部時，臀部的正中央會有緊縮的感覺。這樣一來，臀部、大腿內側、腹肌才會使力，讓所有部位都能發揮訓練的效果。

NG 貼地的腳位置離臀部太遠

→臀部無法使力

腳的位置距離太遠
臀部無法使力

NG 腰部過度後仰

→造成大腿前側的負擔

負荷完全集中在
大腿前側
過度後仰會讓
腰部受傷

OK 腰部抬高時緊縮臀部

→有效鍛鍊到臀部、
大腿後側、腹部！

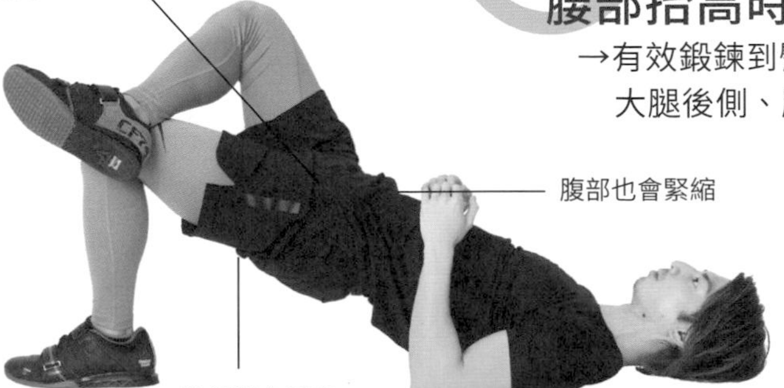
可以感覺到
髖關節活動
腹部也會緊縮
臀部與大腿後
側用力縮緊

超高效率！

單車式捲腹

地獄空中腳踏車，打造理想的腰身曲線！

1

維持單腳離地的姿勢上半身轉體同時抬高右手肘輕觸左膝

腳要確實打直，不能往上彎
上半身轉體，手肘輕觸膝蓋
維持在離地 1 隻腳的高度
雙手放在後腦杓上

「想要迷人腰線，希望肚子肉可以消下去」的話，首推這項訓練！將上半身抬高同時進行轉體的動作，老實說我自己做起來也很吃力，但是相對來說愈吃力的動作，做完後愈有成就感，所以十分受到學員們的喜愛。

掃 QRcode 看影片

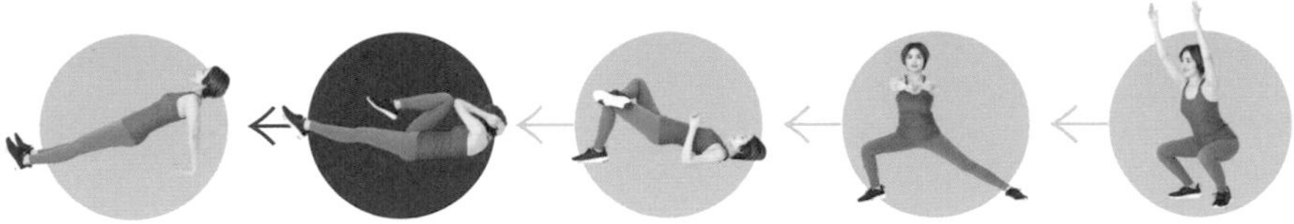

2秒
左右輪流 合計10次

2
換另一隻腳打直後重複相同作法。花2秒時間完成輕觸動作

手肘觸膝後暫停 1 ～ 2 秒
會更有效果！

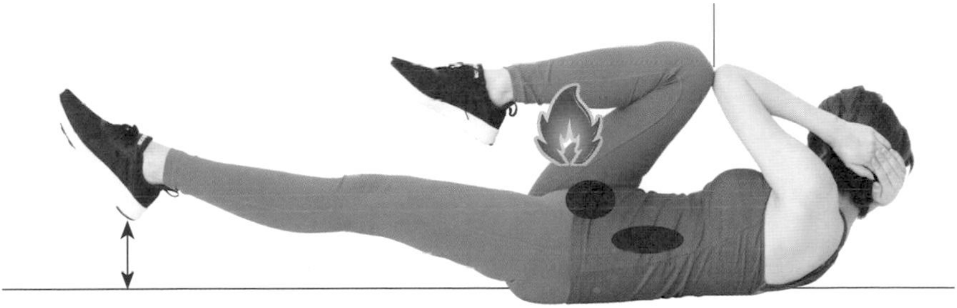

轉體時上半身不能
抬得太高

EASY 背部會痛、難以呼吸的人

可能是因為手肘往前推之後，背部會左右搖晃的關係。
準備做轉體動作之前，要先熟練抬高上半身的動作。

1. 呈仰躺姿，膝蓋彎曲，腳跟貼地。上臂離地後維持在肩膀的高度。
2. 將上半身抬高，用指尖輕觸腳跟。抬高放下的動作要重複 10 次。

捲腹

Check

單車式捲腹

提醒自己「轉體」比抬高上半身更重要。下腹、側腹感覺吃力代表動作有做對！

①抬高上半身，②上半身左右轉體，③雙腳稍微離地再將膝蓋彎曲伸直；這一連串的訓練是由各種動作組合而成，可從不同角度鍛鍊到腹肌。

大家最常出錯的環節，就是背部連帶全身左右晃動不停、只有手肘往前頂出去。所以說覺得這項訓練做起來很輕鬆的人，很有可能是動作做錯了。當手肘觸膝後停止動作時，要確認一下側腹與下腹是否有鍛鍊到的感覺。此外做動作時應放慢速度進行，否則有節奏的速度會變成有氧運動，而非肌力訓練。就算訓練次數做的不多，只要有仔細完成動作，就能確實發揮訓練的效果。

NG

只有手肘往目標位置移動

→單純活動手腳會變成有氧運動

只有將手肘前後移動
上半身沒有
抬高

NG

背部過度伸展

→身體晃來晃去，沒有確實鍛鍊

同樣位於左側的手肘與
膝蓋靠在一起
上半身沒有
轉體
背部呈現打開的
狀態

OK

側腹、下腹同時做轉體動作

→整個腹肌都有鍛鍊到的感覺！

手肘在胸前輕觸膝蓋
一面抬高
上半身一
面轉體

超高效率！

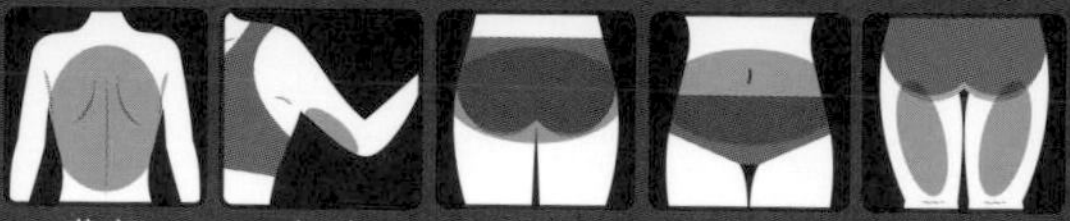

背部　上臂　臀部　腹部　大腿後側

反身平板支撐

使背影發生戲劇性的變化！一口氣鍛鍊全身上下

1

腳打直後坐下
雙手於肩膀正下方貼地

腳稍微打開

手指朝向內側

手於肩膀正下方貼地

「基礎篇」的最後一項訓練，就是反身平板支撐。這項動作短時間就能完成，只要維持動作20秒，能一口氣讓身體背面變緊實。由於腰部不能後仰，須保持筆直的姿勢，因此也會確實使用到腹肌來完成這個動作。

掃 QRcode 看影片

2

腳跟與雙手撐在地面
使身體離地後維持20秒

20 秒

3 次

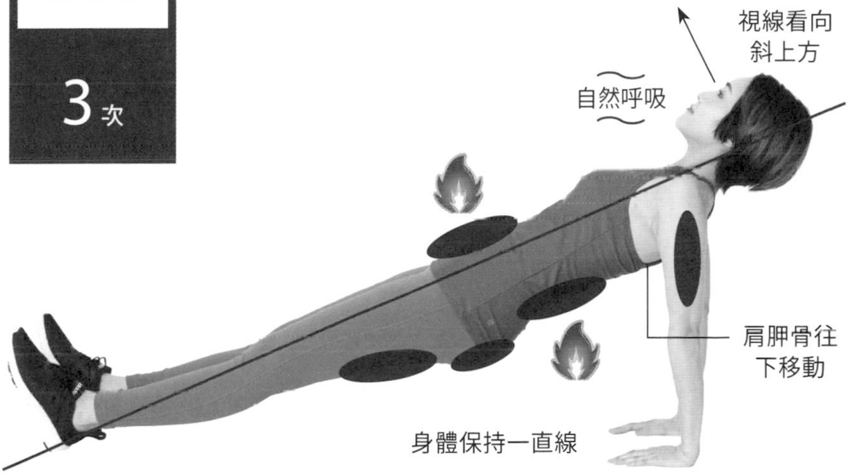

EASY 臀部往下掉、腰部會後仰的人

一旦大腿後側、腹部的肌力不足，便很難維持住姿勢，所以雙腳要貼地以穩定姿勢。

1 膝蓋立起後坐在地板上，雙手於肩膀正下方貼地。

2 用腳底與雙手牢牢地抓住地板，使身體離地，維持 20 秒。

Check
反身平板支撐

維持姿勢時只要臀部緊縮、腹部用力，就能避免腰部後仰！

軀幹打直呈一直線後，想要維持住這個姿勢，穩定的腹肌力量在在不可或缺。維持姿勢時要是臀部往下掉的話，代表大腿後側以及腹部的肌力不足，所以應針對抬臀（↓p.51）以及捲腹（↓p.55）做重點訓練。另一方面，若是腰部會後仰的話，說明臀部鬆弛了，因此要提醒自己須保持臀部緊縮的狀態。另外當腰部過度後仰有時恐導致腰部受傷，所以覺得訓練動作有難度的人，可以改做膝蓋彎曲的「EASY」版本。

會肩膀內縮或是肩膀痠痛的人，有時可能是肩胛骨一直抬高、脖子總是縮起來的關係。這種時候就要做做伸展操讓肩膀完全放鬆下來，並提醒自己肩胛骨要往下移動，這樣才能維持完美的姿勢。

NG
臀部往下掉
→單靠手支撐，沒有使用到腹肌

臀部一直往下掉

NG
腰部後仰
→會對腰部造成負擔

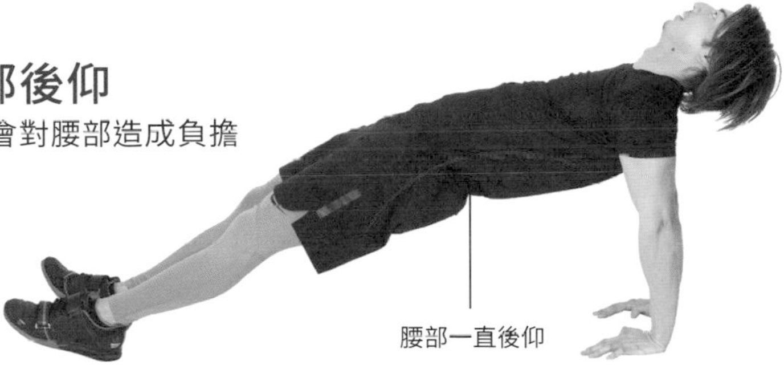

OK
維持姿勢時緊縮臀部
→防止腰部後仰！

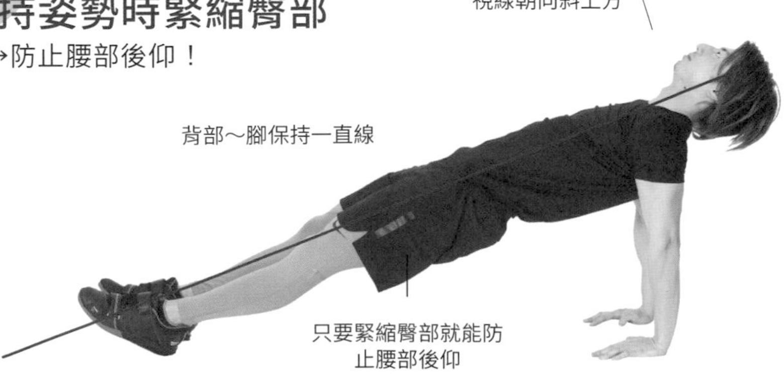
視線朝向斜上方

超高效率訓練計畫

地獄 60 秒肌力訓練
進階篇

● 地獄 60 秒肌力訓練 STEP UP ●

- ☑ 動作熟練後再變化菜單
- ☑ 2 回合做完馬上見效！
- ☑ 進一步放慢速度進行，並增加維持的秒數
- ☑ 感覺「到達極限」之後再多做 3 次

「被虐狂」就會懂！愛上肌力訓練後做到超出極限的樂趣

老是一直做相同的訓練，身體會習慣這樣的運動強度，效果也會變差。當你已經做慣了「地獄60秒肌力訓練・基礎篇」，接下來請來挑戰看看負荷加大的「進階篇」。

地獄60秒肌力訓練・進階篇的訓練計畫，可從各種角度鍛鍊到大塊肌肉，變化不同種類的訓練法，讓肌肉增加新的刺激，訓練才會更有效率。

想讓訓練確實看出效果，祕訣就是當你感覺「到達極限」的時候，要再堅持下去多做3次。超越極限，才是肌肉訓練的終極法寶。展現被虐狂的精神，努力做下去吧！

後弓步蹲轉體 ×10 次

一舉纖細下半身＋
打造腰身曲線

休息
10 秒

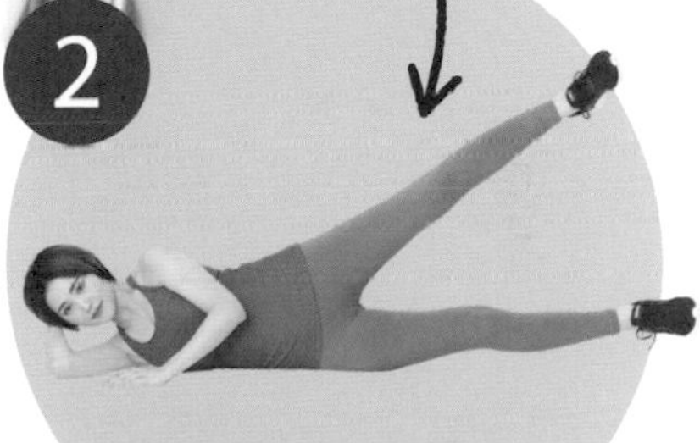

躺姿開合雙腿 ×10 次

鍛鍊大腿內側
形塑美腿！

休息
10 秒

轉體起坐 ×10 次

變身窈窕美人！

休息
10 秒

拱身下拉 ×10 次

擺脫背部鬆弛成就
亮眼背影！

休息
10 秒

直手平板支撐 ×10 次

向雙手的蝴蝶袖說
掰掰！

休息
10 秒

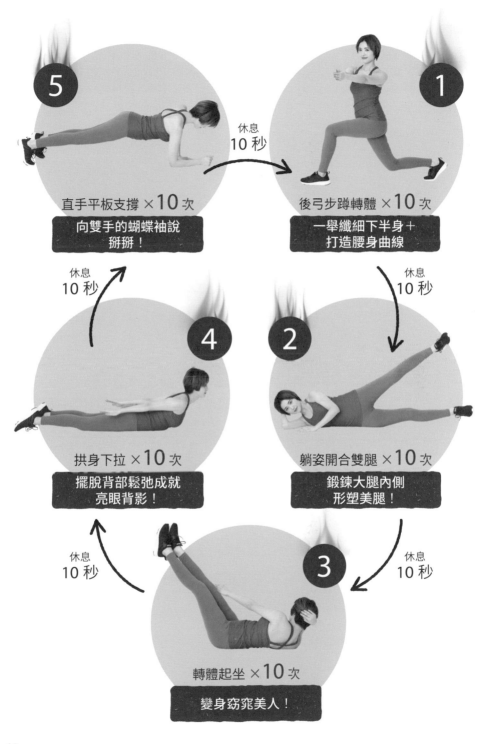

超高效率！

後弓步蹲轉體

打造俏臀小尻與腰身曲線！

1

單腳抬高
再往後跨一大步
使腰部往下移動

膝蓋往下移動
接近地面為止
整個腳底要
確實貼地

希望臀部又圓又翹，同時還要腰身有曲線的人，十分適合這項訓練。當你有感覺髖關節大幅度活動的時候，代表有充分施加負荷到大腿後側與臀部上。

掃 QRcode 看影片

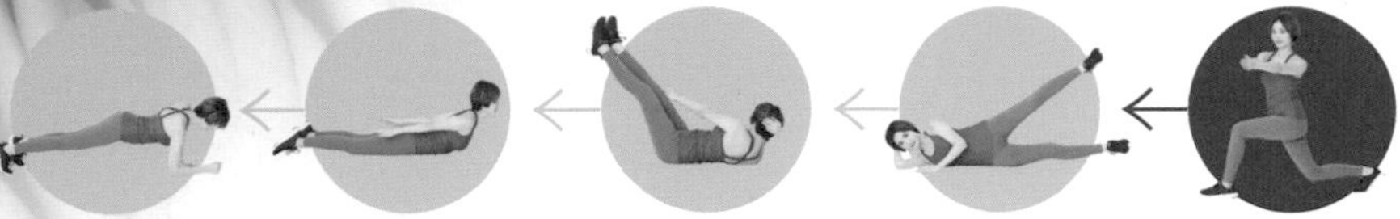

2秒

左右輪流
合計10次

2

上半身往前方那隻腳的方向轉體並維持2秒

EASY 上半身搖晃、膝蓋會痛的人

代表髖關節僵硬無法充分活動。必須提升髖關節深層肌肉的柔軟度。

1. 雙腳前後打開大步一點。手叉腰。後腳的腳跟抬高。
2. 前腳的腳底維持貼地的姿勢，將腰部往下移動大幅度蹲下去。須留意上半身不能前後移動，同時上下運動 10 次。前後腳換邊以相同作法進行。

上半身保持穩定再轉體，可同時鍛鍊到軀幹與側腹。

這項訓練是雙腳前後確實踏穩腳步後，使上半身保持穩定，上半身做轉體動作。先將膝蓋往前頂出去，利用這個反彈力再往後用力拉回來，不過力量不能太大，讓腳慢慢貼地。腰部往下移動蹲下時，膝蓋要維持在快要貼地卻不能貼地的位置。此外，前腳膝蓋會超出腳尖的人，代表你沒有好好運用到髖關節。不妨做做伸展操或「EASY」的分腿深蹲，讓髖關節暖身後再來挑戰看看。

上半身轉體時，身體會搖晃傾斜的人，請檢查一下是不是重心過度落在後腳上了。應提醒自己，要用前腳腳跟的側邊踏穩腳步。

NG

臀部往下掉

→軀幹缺乏鍛鍊

上半身搖晃
背部拱起
重心落在後腳上
腳步沒有踏穩

NG

臀部往下掉

→沒有使用到側腹的肌肉

只有手在動
腰部沒有轉過去
腳步沒有踏穩

OK

臀部往下掉

→有用到髖關節的深層肌肉
（髂腰肌）！

上半身保持挺直
從腰部確實轉體
用前腳確實踏穩腳步
膝蓋往下移動將近地板為止

超高效率！

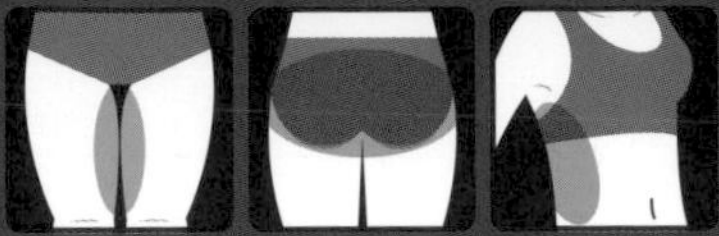

躺姿開合雙腿

躺著形塑美腿！
最適合懶人減肥

1
橫躺下來雙腳靠攏
稍微離地

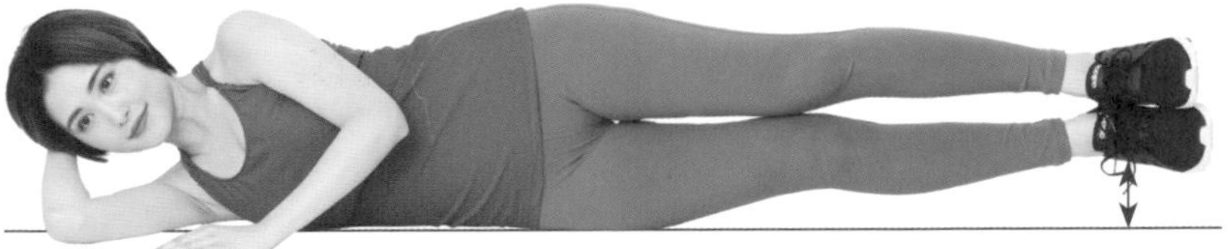
自然呼吸
手不要
過度用力
雙腳維持在快要
貼地的位置

即便你是剛開始接觸健身、個性懶散無法持之以恆的人，這套動作簡單的訓練法，也能輕輕鬆鬆讓大腿內側與臀部變緊實，使你能擁有一雙美腿。想讓訓練看出成效的祕訣，就是動作要放慢。這項訓練可以一邊看著電視來做，想要節省時間的人，不做就虧大囉！

掃 QRcode 看影片

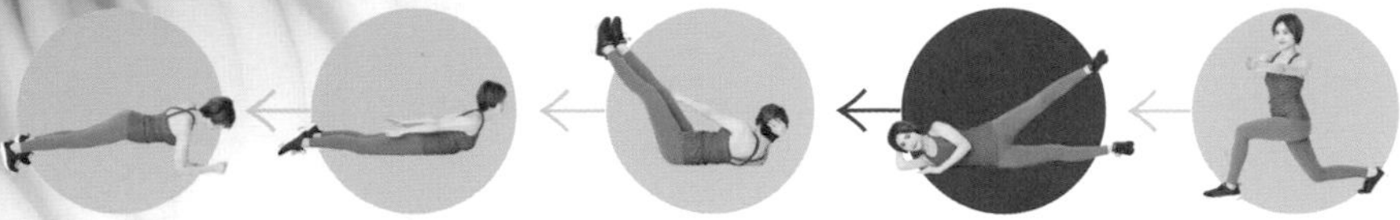

2

花2秒時間將位於上方的腳慢慢抬高

2秒

左右各10次

EASY 腳搖來晃去、腰部會痛的人

因為側腹肌肉無力的關係，所以無法維持住姿勢，造成背部及腰部的負擔了。將腳打直後，即可鍛鍊到大腿內側。

1. 仰躺下來，腳踝交叉，雙腳膝蓋向外打開。雙手輕輕握拳並將手肘彎曲。
2. 膝蓋打直後將腳抬高，使大腿內側用力夾緊。這個動作要重複 10 次。

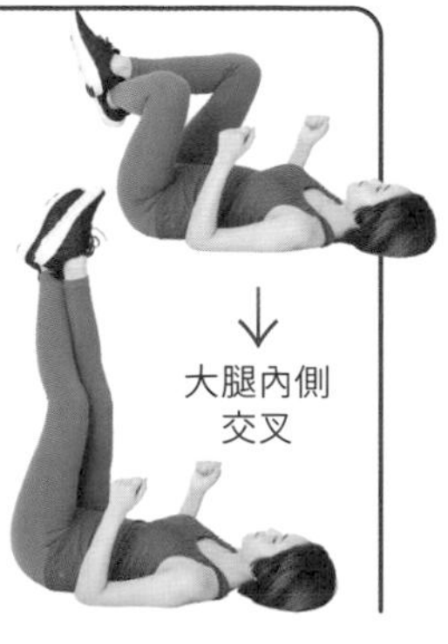

雙腳用力維持打直的姿勢，同時將腿慢慢上下活動。

利用橫躺下來的姿勢，緩慢地將腳上下活動的簡單動作，假使沒有運用到側腹的肌肉，往下移動時腳就會晃動，而無法維持住姿勢。一直用左搖右晃的姿勢做訓練的話，會導致腰部受傷，所以千萬不能隨便亂來。只須將注意力放在訓練大腿內側上，位於下方的腳貼地也無妨。

另外，抬高的那隻腳要往下移動時，「雙腳無法緊密貼合」、「腳會一前一後」的人，可能是大腿前後側的肌肉不均衡所導致。建議做做下半身伸展操（↓p.36）消除大腿前側的緊繃狀態，同時再進行可以鍛鍊到身體背面的訓練法（拱身下拉↓p.76）！

NG 腳前後錯開

→沒有使用到臀部的肌肉

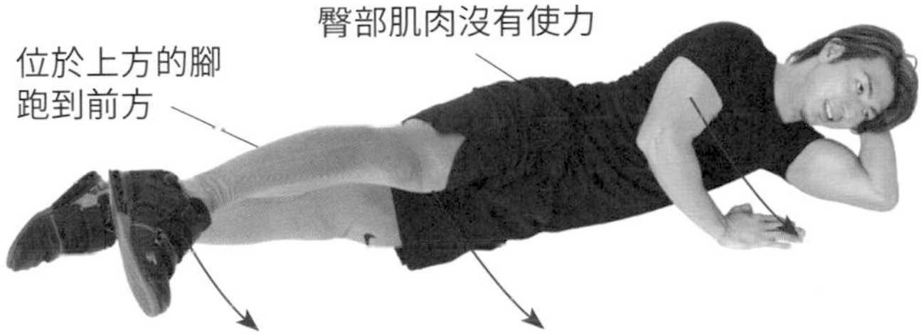

NG 上半身歪掉了

→沒有鍛鍊到側腹的肌肉

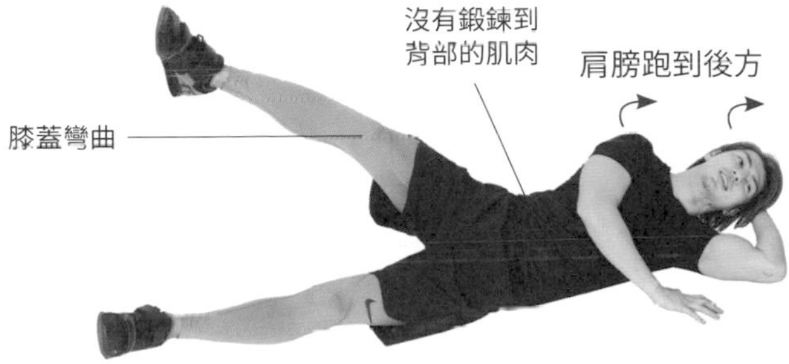

OK 單腳抬高時緊縮臀部

→會鍛鍊到大腿內側與臀部

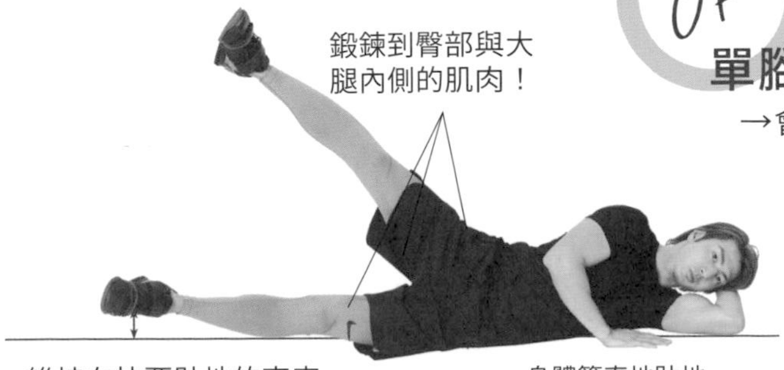
維持在快要貼地的高度
身體筆直地貼地

超高效率！

轉體起坐

消滅溢出褲頭的贅肉！
曼妙曲線擋也擋不住！

1

呈仰躺姿雙腳靠攏
維持在能鍛鍊到腹部的高度

如果你會擔心腰部周圍的贅肉，例如「穿上褲子或裙子肚子就會很明顯」、「下身類一定得是鬆緊帶腰圍才安心」的人，最適合做這項訓練。

好好鍛鍊側腹，養成擋也擋不住的曼妙曲線吧！

掃 QRcode 看影片

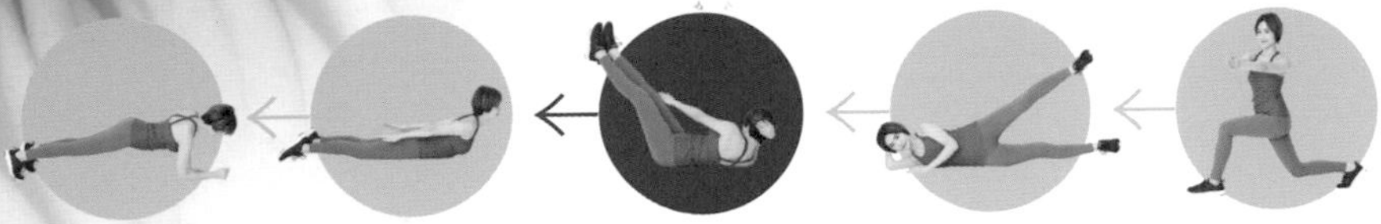

2秒

左右輪流
合計10次

2

轉體，花2秒時間
輕觸膝蓋側邊

EASY 腳搖來晃去、背部會痛的人

可能只有活動到上半身及手臂，並未鍛鍊到腹肌。先從腳貼地的姿勢開始進行鍛鍊側腹的訓練法。

1. 雙膝立起後仰躺下來，維持上臂稍微離地的姿勢。
2. 將上半身稍微抬高後，用手輕觸腳跟。左右輪流做 10 次。

找到鍛鍊腹部最有效的關鍵位置，雙腳維持在這個高度。

這項訓練法是將雙腳抬高做腹肌運動，再加上上半身轉體的動作。首要之務，必須找出哪個關鍵位置可以施加負荷在腹肌上。將腳打直並抬高呈直角後，再慢慢地朝地板放下來，找出腹肌會使勁出力的位置之後再停止動作。在訓練的過程中，切記腳要一直固定在這個位置上。

常見的錯誤，就是過度專注於觸膝的動作，因而未將上半身抬高，這樣一來，將無法鍛鍊到腹肌。因此輕觸膝蓋側面只是給大家當作一個參考，應將注意力隨時放在腹部上，這樣即便訓練次數少，還是能確實鍛鍊到腹部。

NG 膝蓋彎曲

→沒有鍛鍊到腹部

上半身

NG 背部歪掉

→沒有鍛鍊到腹部

腳會搖晃

腳要維持在一定高度
上半身不能抬得太高

OK 有持續鍛鍊到腹部的感覺

→腹肌與側腹都有鍛鍊到！

如何找出腹肌的關鍵位置

從雙腳往正上方抬高的狀態逐漸放下的過程中，就會發覺「腹部在關鍵位置會開始抖動」，接下來請維持在這個高度。

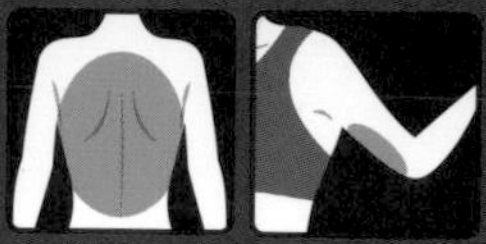

拱身下拉

燃燒背部脂肪！成就亮眼的背影！

1

呈俯臥姿
將上臂往前伸直

長時間坐在辦公桌前工作，導致肩膀內縮，或肩胛骨一直抬高、因而變得僵硬，就容易形成肩膀痠痛。更甚者，甚至會造成背部鬆弛等結果。有這類煩惱的人，不妨來做做這項訓練法，讓上臂和背部可以一起變緊實。

掃 QRcode 看影片

2秒

10次

2

將上半身抬高
同時花2秒時間，以畫圓方式
使手臂朝側邊展開再往後移動

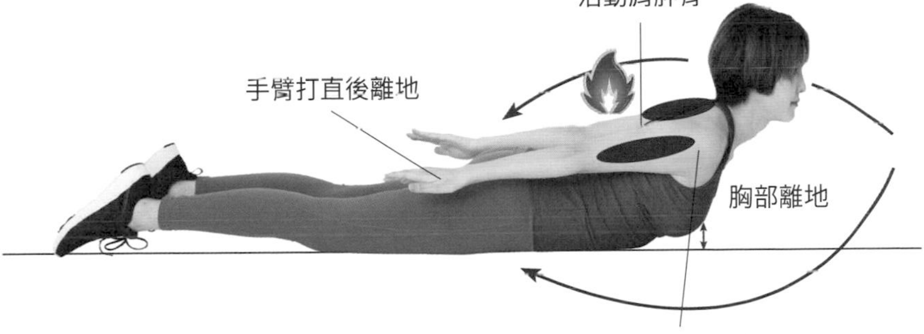

EASY 肩膀縮起來、脖子根部會緊繃的人

代表肩胛骨變硬了不容易活動自如。應做做伸展側腹的伸展操，以及不轉動手臂而是將手肘往下拉，可以活動到肩胛骨的訓練。

1. 俯臥下來，雙手往前伸直。
2. 上半身抬高，雙肘慢慢往下拉往腰部靠近。這個動作要重複 20 次。

手槍握法

將大拇指與食指伸直做出剪刀的手勢，這樣肩胛骨才容易活動。

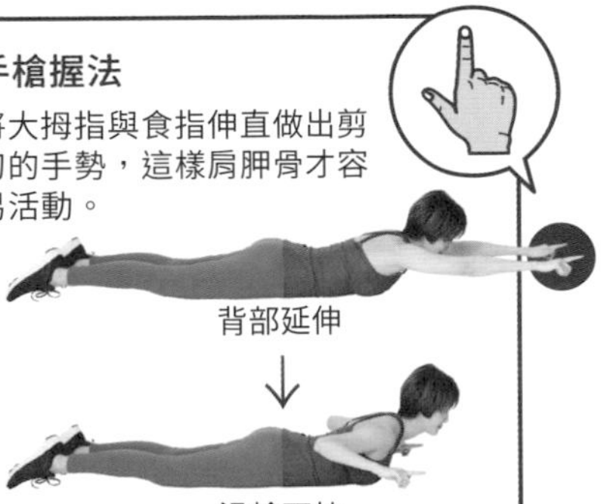

腳不離地，確實活動肩胛骨。

這項訓練法相當簡單，俯臥下來之後，將上半身抬高，同時像畫圓一樣活動手臂即可。藉由大幅度活動肩胛骨的動作，可發揮緊實背部的強大效果。只不過，平時會肩膀痠痛，很少活動肩胛骨的人，轉動手臂時肩膀通常都會縮起來。這是因為將位於腋下的肩胛骨往下移動的肌肉變僵硬了，所以要好好地做一做側腹的伸展操（↓p.34），然後再來挑戰看看。

此外，上半身抬高時連腳都會離地的人，說明背部肌肉無力而無法取得平衡。這時候不要勉強將背部往後仰，而是要在雙腳不離地的狀態下，慢慢地將上半身逐步抬高。

NG
腳離地了
→沒有使用到背肌

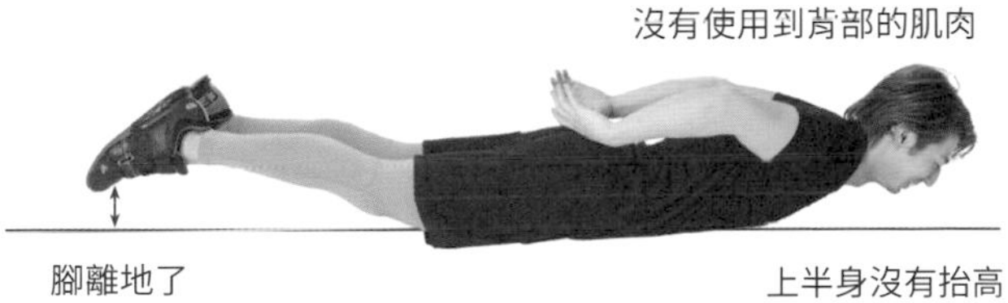
沒有使用到背部的肌肉
腳離地了
上半身沒有抬高

NG
手臂往後轉動時肩膀縮起來
→沒有活動到肩胛骨

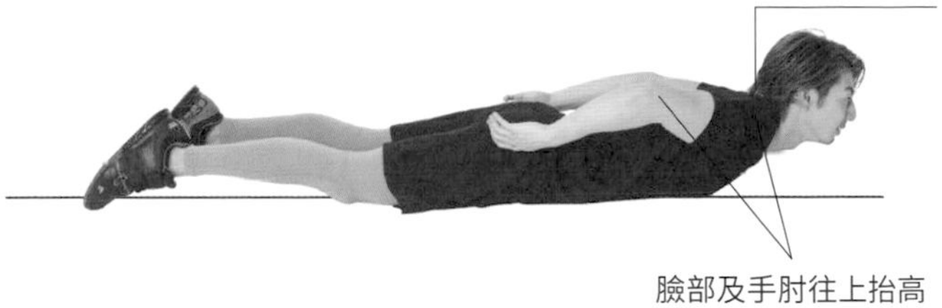
肩膀
縮起來了
臉部及手肘往上抬高

OK
腳保持貼地的狀態將上半身抬高
→可以鍛鍊到肩胛骨與背部！

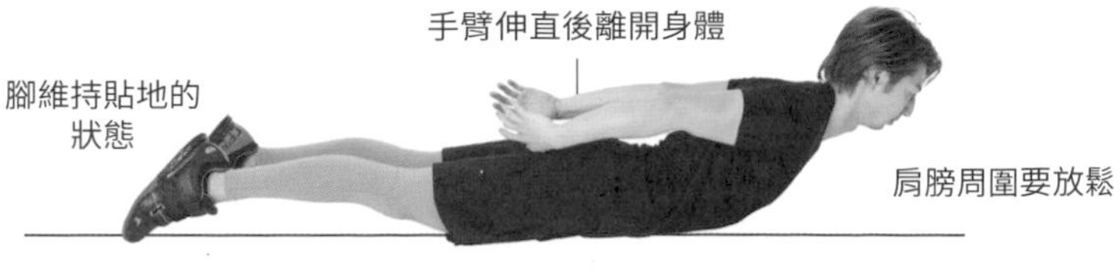
手臂伸直後離開身體
腳維持貼地的
狀態
肩膀周圍要放鬆

超高效率！

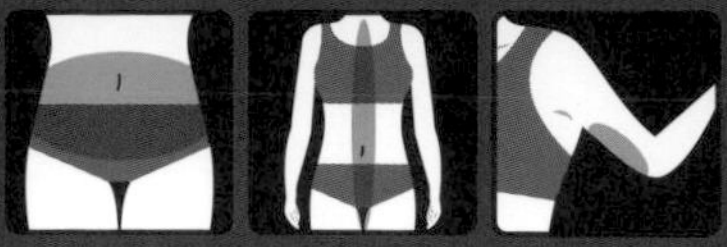
腹部
核心
上臂

直手平板支撐

鍛鍊軀幹的同時向雙手的蝴蝶袖說掰掰！

軀幹訓練法首推「平板支撐」，這次則要加強力道！用手臂將身體抬高時，會使用到全身的力量，因此對於緊實腹部周圍與上臂的效果絕佳。訓練時須花４秒時間進行，而且不能停止呼吸。

1

用手肘與腳尖撐起身體保持挺直。分別將手貼地，使手肘打直。

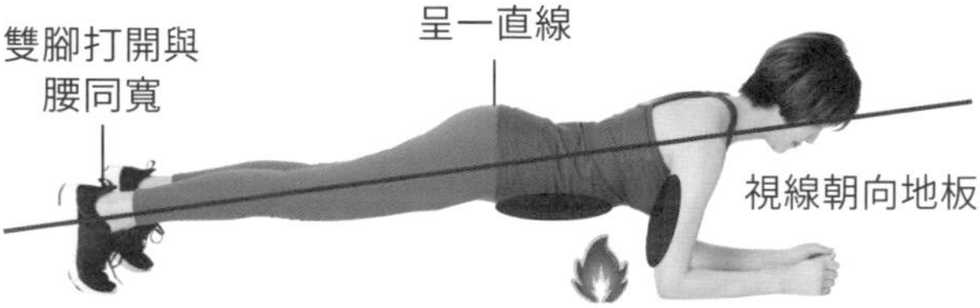
頭部～腳尖
呈一直線
雙腳打開與
腰同寬
視線朝向地板

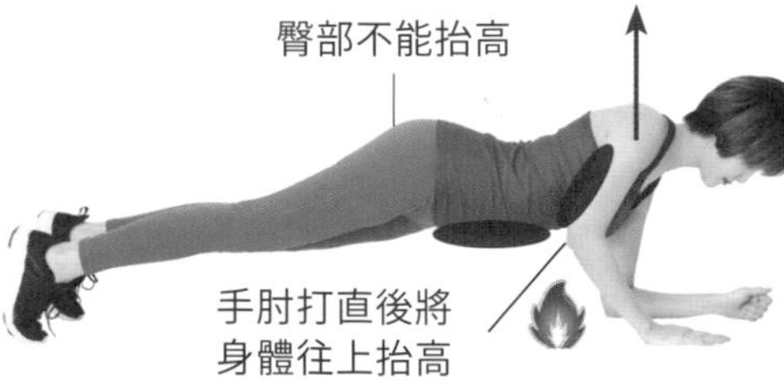
臀部不能抬高
手肘打直後將
身體往上抬高

掃 QRcode 看影片

2

雙肘打直後，分別將手肘貼地，
回到1的姿勢。

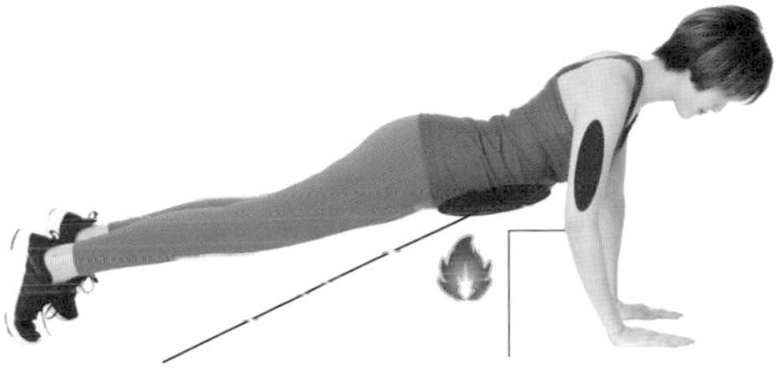
從手臂支撐變成手肘貼地的
瞬間要使用到腹肌
手肘彎曲的動作要
放慢速度

4 秒
10 次

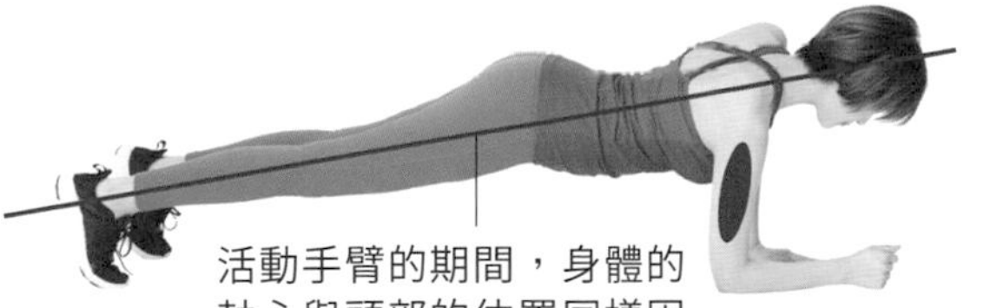
軸心與頭部的位置同樣固
定不動

EASY 姿勢走樣、手腕會痛的人

代表軀幹的肌力不足。第一步應從熟悉基本的平板支撐姿勢開始做起。

1. 手肘在肩膀正下方貼地。
2. 腳打直，靠腳尖與手肘支撐後將身體抬高。維持 30 秒。

平板支撐

Check

直手平板支撐

維持基本姿勢！手肘彎曲伸直時軀幹也不會晃動才是關鍵所在。

用手肘和腳撐起身體，鍛鍊全身的「平板支撐」，可以非常有效地使腹肌、下半身及上半身等部位培養出肌力，變得更加緊實。不管是剛開始做運動的人，或是苦於練不出腹肌來的人，這項訓練對任何人都能看出十足效果。另外再加入手肘彎曲伸直的動作，將身體抬高後，還能一口氣提升訓練的困難度與運動強度！

只不過，當軀幹肌力不理想的話，臀部會上下移動，身體會打開，導致姿勢不穩定。基本上須維持平板支撐的姿勢，只有動到手臂。話雖然這麼說，如果你已經「拼命完成動作卻不知道自己做得正不正確」的人，請檢查一下看看頭的位置與視線是否固定不動。

NG

上半身歪掉

→軀幹一直晃動

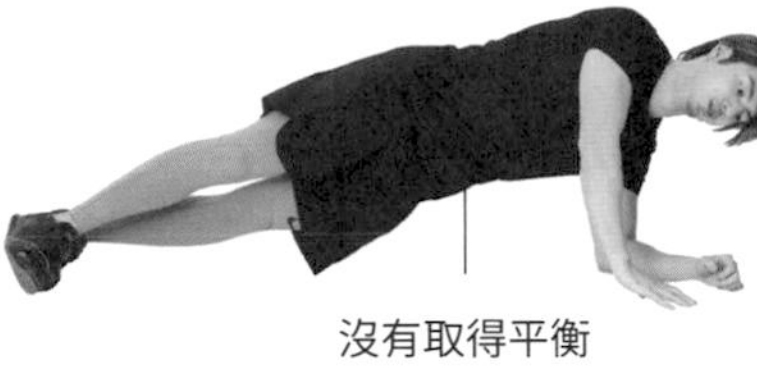
沒有取得平衡

NG

臀部往下掉

→沒有使用到腹肌、
背肌

臀部往下掉
肩膀縮
起來
身體的軸心呈現
「U」字型

NG

臀部往上移

→軀幹一直晃動

身體的軸心呈現
「ㄟ」字型

OK

頭的位置與視線固定不動

→身體的軸心沒有晃動！

臀部緊縮後身體就會穩定
視線看向手部固定不動

Chapter.3

地獄 60 秒肌力訓練
局部鍛鍊篇

除了「基礎篇」與「進階篇」的訓練計畫之外，還想針對在意部位加強鍛鍊的人，可以加做接下來為大家介紹的「地獄 60 秒肌力訓練・局部鍛鍊篇」！任何一項訓練，只要能用正確姿勢好好進行的話，短時間就能鍛鍊到好幾個部位。

※ 加註在訓練法名稱後方的★，表示訓練的等級。
★……適合初學者　★★…適合中級者　★★★…適合高級者

Message
From
YUTORE

想要鍛鍊的部位肉眼就能看出變化，
這正是肌力訓練最大的魅力所在！
用相機將自己的身體記錄下來，
會讓人更有動力努力做訓練喔！

好想改善鬆垮垮的腰身！

背面轉體

等級 ★

轉動身體就能完成訓練的輕鬆動作，打造腰身成為背影殺手！

超高效率！

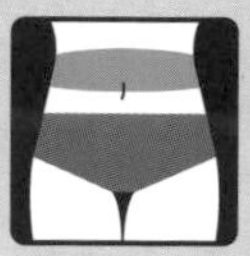
腰部周圍

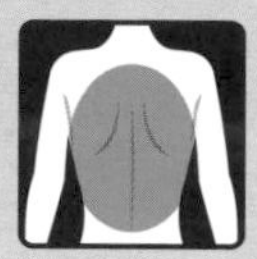
背部

掃 QRcode 看影片

1 俯臥下來 將腳交叉後扭轉身體

上半身
固定不動

腳尖貼地

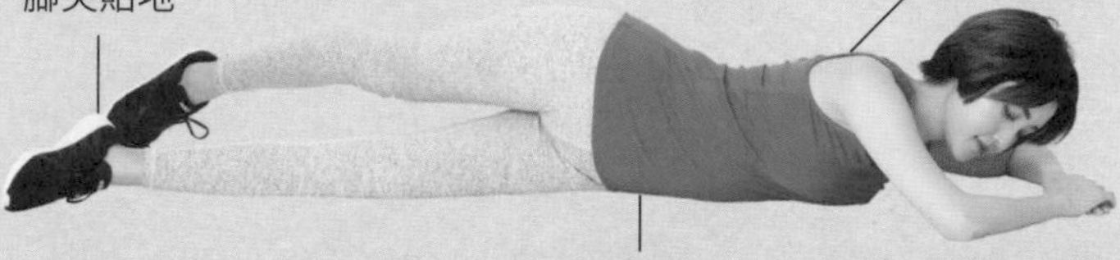

讓肚臍可以
從側邊露出來

2秒
左右輪流 合計 20 次

2 花 2 秒時間轉體，刺激腰部周圍

培養基礎體力，實現易瘦體質

初學者波比跳

等級 ★

不用跳起來，卻能活動全身上下讓身體熱起來！

超高效率！

全身

上臂

掃 QRcode 看影片

1 從站立姿勢往下蹲使雙手貼地

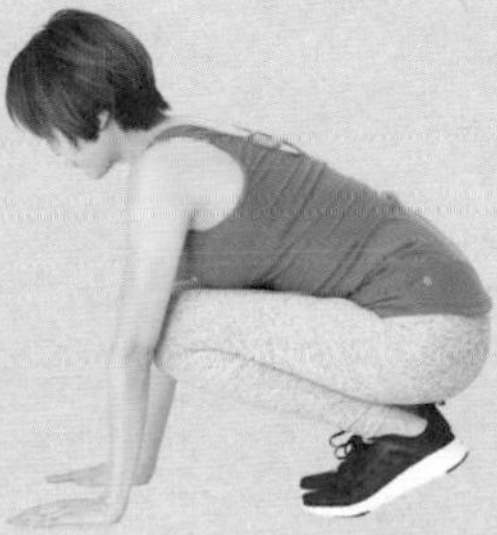

5秒

10回

2 分別將單腳往後打直，再分別將單腳收回來後，再回到動作 1

游刃有餘的人，
改做伏地挺身的動作

針對臀部及腹部發揮雙重效果

登山式踢腿

等級 ★

藉由大幅度動作活動髖關節周圍肌肉，就能鍛鍊到臀部！

超高效率！

臀部　腹部

掃 QRcode 看影片

1 用伏地挺身的姿勢抬起一邊膝蓋，花 2 秒時間靠近胸口

2 膝蓋打直，將腳往後斜上方踢高

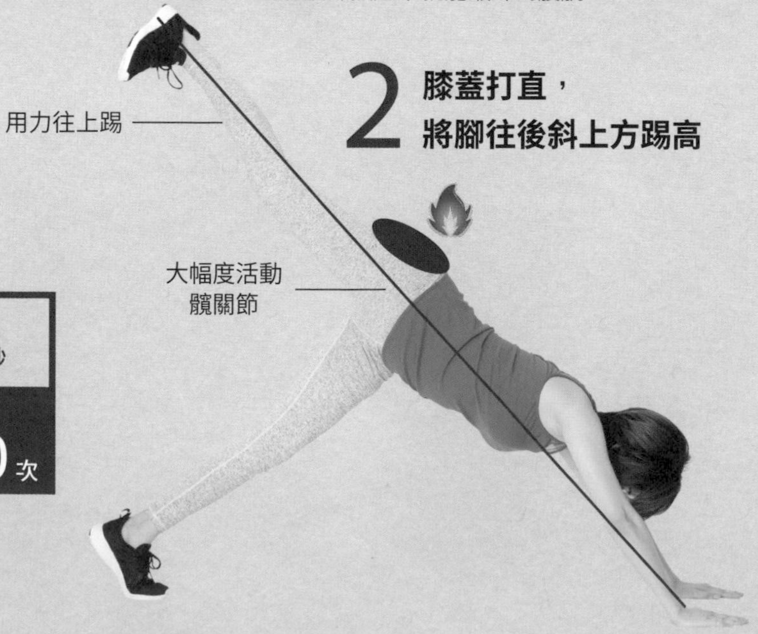

2 秒
左右各 10 次

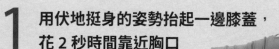

擺脫大腿前側凸出的第一步！

提臀彎舉

等級 ★

活動髖關節鍛鍊雙腳後側，就能解決大腿前側緊繃的問題！

超高效率！

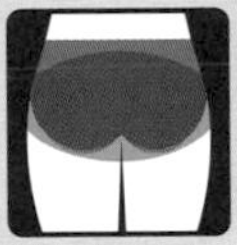
臀部

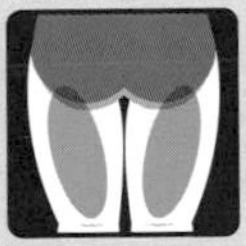
大腿後側

掃 QRcode 看影片

4 秒

左右 各 10 次

1 呈仰躺姿將腳打直後抬高臀部

腰部後仰
手臂力量放鬆

2 膝蓋彎曲、伸直，做完 1 組後將臀部貼地

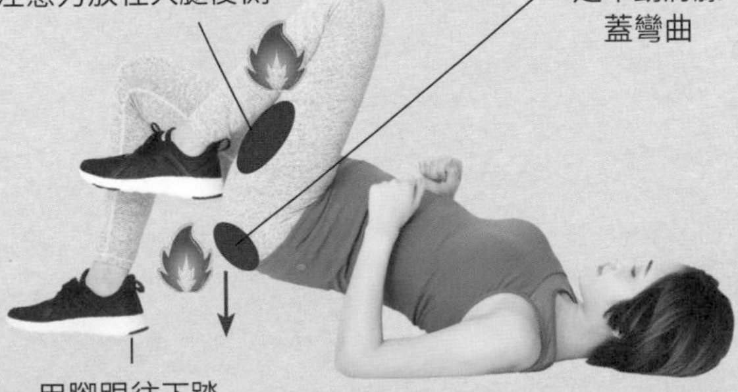
注意力放在大腿後側
臀部位置固
定不動將膝
用腳跟往下踏

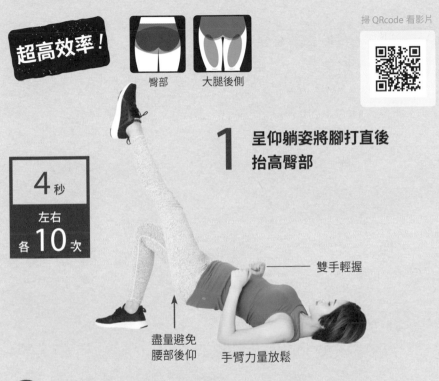

鍛鍊軀幹同時緊實腹部與上臂！

平板支撐觸肩

等級
★★

短時間就能鍛鍊到上半身，讓身體不再容易感到疲勞！

超高效率！

腹部

上臂

掃 QRcode 看影片

1 雙手貼地，用腳尖與雙手支撐身體

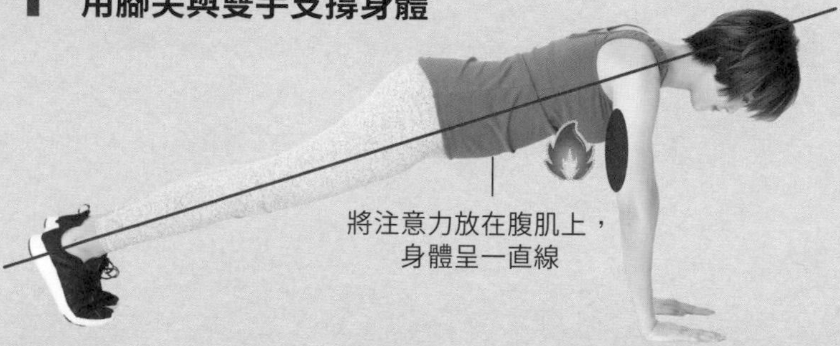
將注意力放在腹肌上，
身體呈一直線
手放在肩膀正下方貼地

2 秒

左右 各 10 次

2 用單手輕觸另一側的肩膀

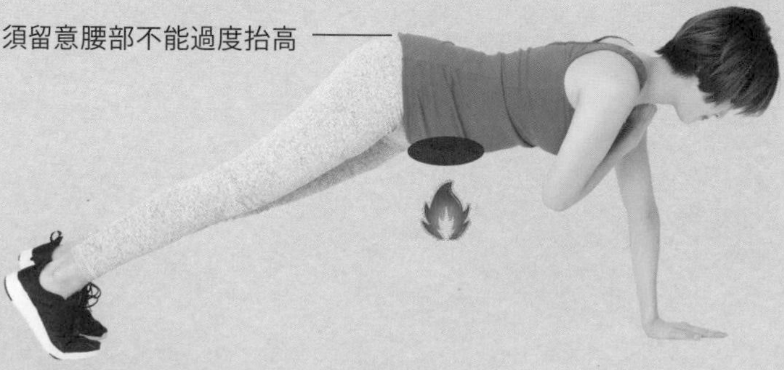
須留意腰部不能過度抬高

塑造翹挺美尻與緊實腰線！

平板支撐側踢

等級 ★★

藉由平板支撐鍛鍊腹部，再將膝蓋往側邊拉過來鍛鍊臀部。

超高效率！

腹部

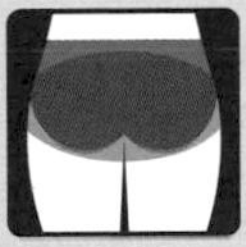
臀部

掃 QRcode 看影片

1 雙肘貼地，用腳尖與上臂支撐身體

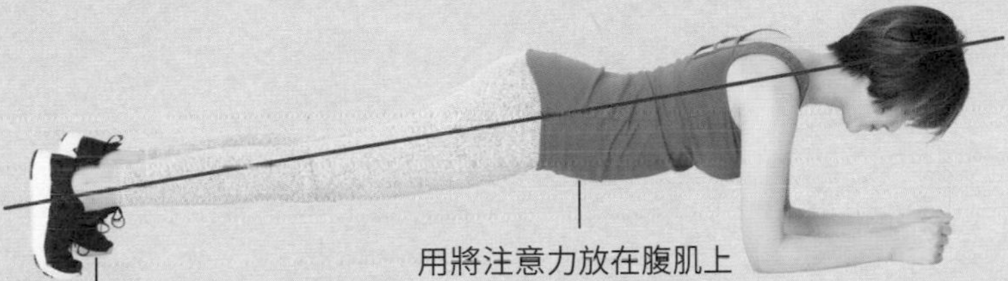

用將注意力放在腹肌上
使身體呈一直線

雙腳打開與肩同寬

手肘於肩膀正下方貼地

2秒

左右各10次

2 彎曲一邊膝蓋，髖關節外旋，讓膝蓋往手肘靠近

須留意腰部不能後仰

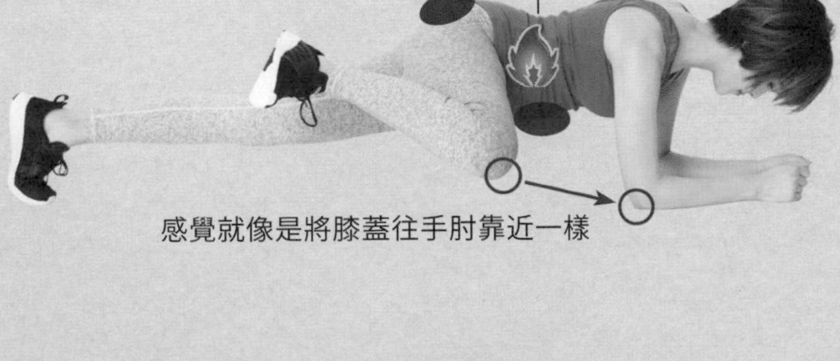

感覺就像是將膝蓋往手肘靠近一樣

收緊鬆垮晃動的側腹與腰部曲線！

側平板式手肘觸膝

等級 ★★

消滅不知不覺變大一圈的腰部脂肪！

超高效率！

側腹

臀部上方

掃 QRcode 看影片

1 側躺後，下方的手與膝蓋貼地

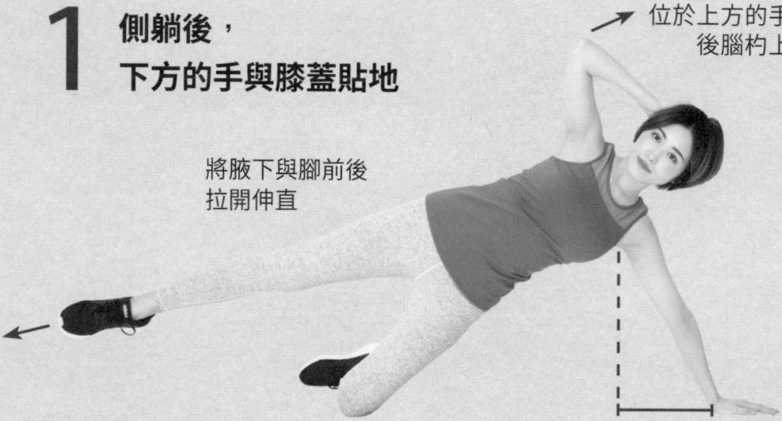
位於上方的手放在
手貼地的位置須往外
距離肩膀 1 個手掌寬

2 花 2 秒時間 讓手肘跟膝蓋慢慢靠近

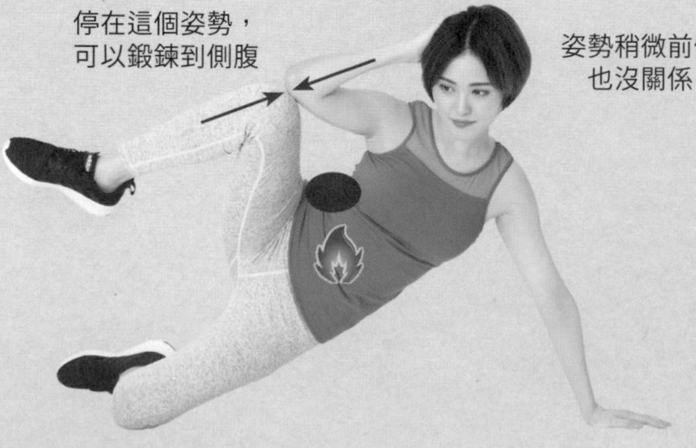

2 秒

左右各 10 次

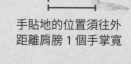

最適合腹部及背部鬆垮的人來做！

屈體平板支撐

等級 ★★

不只能鍛鍊到腹部，連腳和背部都很有效，緊實全身首推！

超高效率！

腹部

腿部

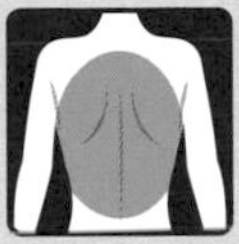
背部

掃 QRcode 看影片

1 雙肘貼地 用腳尖和上臂支撐身體

雙腳打開與肩同寬
手肘於肩膀正下方貼地

2秒

輪流 各10次

2 將臀部抬高 使身體對折彎曲

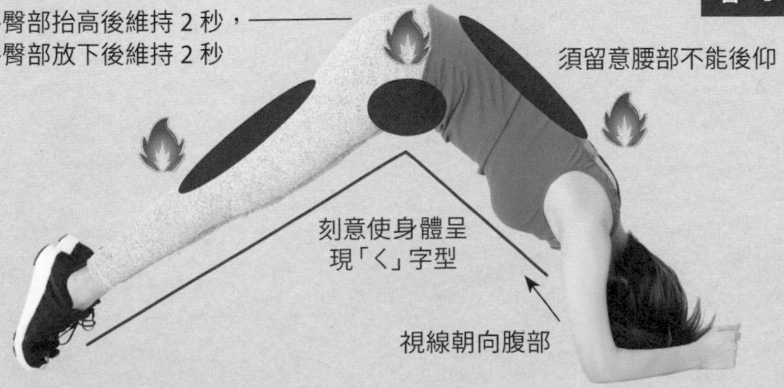

負荷雖小但塑身效果絕佳

臉部觸膝

等級 ★★

同時都能鍛鍊曼妙身材不可或缺的 3 大部位！

超高效率！

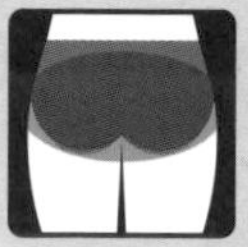
臀部

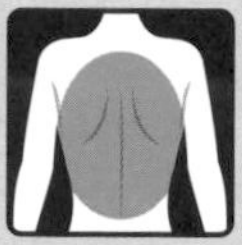
背部

腹部

掃 QRcode 看影片

1 呈四足跪姿再將背部拱起，使單膝與額頭靠在一起

手於肩膀正下方貼地

2 秒

左右各 10 次

2 腳往後方打直伸出維持一直線

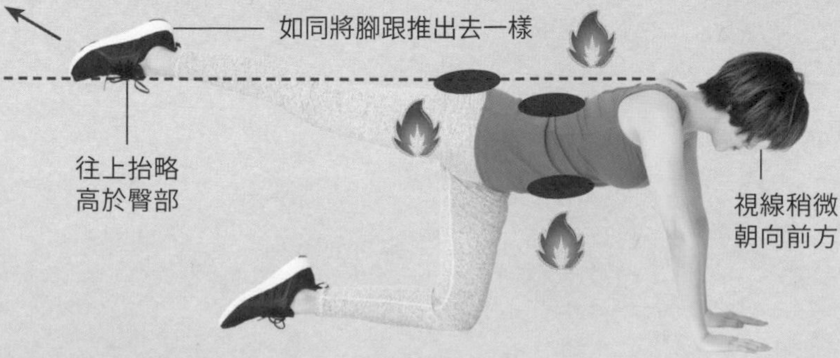
如同將腳跟推出去一樣
往上抬略高於臀部
視線稍微朝向前方

還能順便提臀的美腿深蹲動作

觸地深蹲

等級 ★★★

徹底活動髖關節，避免造成膝蓋負擔，防止大腿前側緊繃。

超高效率！

大腿後側　大腿內側　臀部

掃 QRcode 看影片

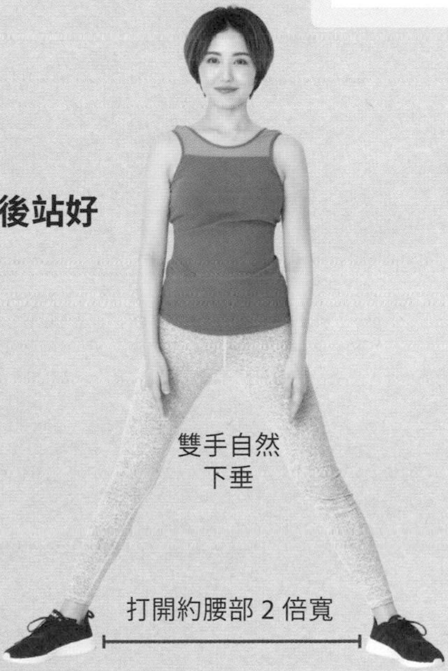
雙手自然
下垂
打開約腰部 2 倍寬

1 雙腳打開 約腰部 2 倍寬後站好

2 秒

10 次

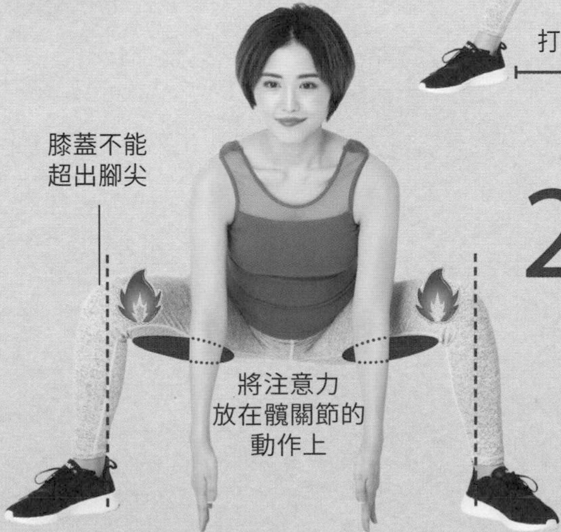
膝蓋不能
超出腳尖
將注意力
放在髖關節的
動作上

2 往正下方蹲下，雙手指尖觸地

裙褲腰圍變鬆了，找回窈窕曲線！

抬腿轉體

等級
★★★

躺著轉一轉身體就行了！晃動雙腳的轉體動作，專攻腹部周圍贅肉！

超高效率！

下腹

側腹

掃 QRcode 看影片

1 呈仰躺姿雙腳抬高，花 2 秒時間讓腿往左側傾倒直到快要碰到地板

2 從左側回到中間再花 2 秒時間讓腿往右側傾倒直到快要碰到地板

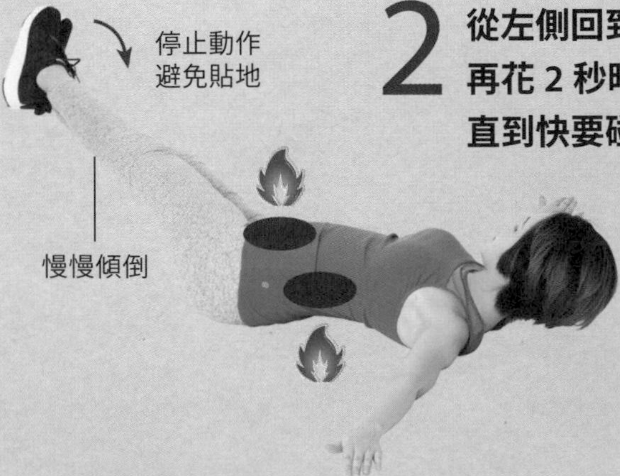

2 秒

左右輪流

合計 10 次

目標是擁有能將緊身褲穿得很好看的美腿！

抬腿交叉弓步蹲

等級 ★★★

緊實肉鬆龐大的臀部與大腿後側，向上拉提！

超高效率！

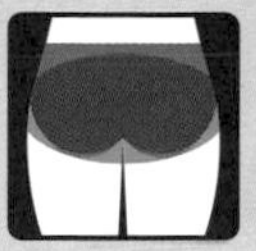
臀部

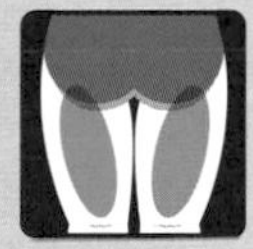
大腿後側

掃 QRcode 看影片

1 雙手於胸前十指交握後站好抬起單腳大腿

膝蓋抬高至與地面平行

2 抬起腳向後拉至軸心腳的後方。往下蹲，維持 2 秒

上半身前傾後將臀部往後拉，即可進一步鍛鍊到大腿後側及臀部。

2秒

左右各10次

放在軸心腳的斜後方，腰部不能扭轉

提臀弓步蹲

等級 ★★★

呈現雙腳前後打開的姿勢，再將腳抬高就能緊實臀部！

超高效率！

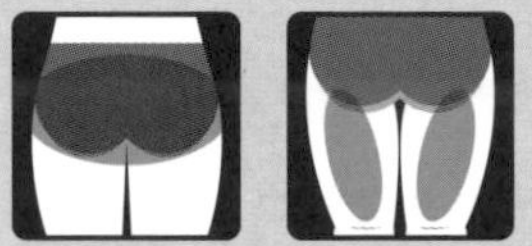

臀部　大腿後側

掃 QRcode 看影片

往下踏時膝蓋
須呈 90 度

1 雙腳前後打開一大步 使腰部向下移動

2 秒

左右 各 10 次

2 後腳抬高伸直

波比跳

等級 ★★★

深蹲＋跳躍＋伏地挺身，讓脂肪一路燃燒停不下來！！

超高效率！

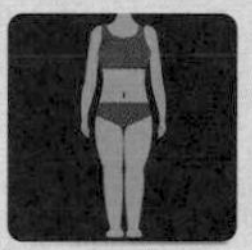
全身

上臂

掃 QRcode 看影片

1 雙手抬高跳躍後再蹲下來雙手貼地

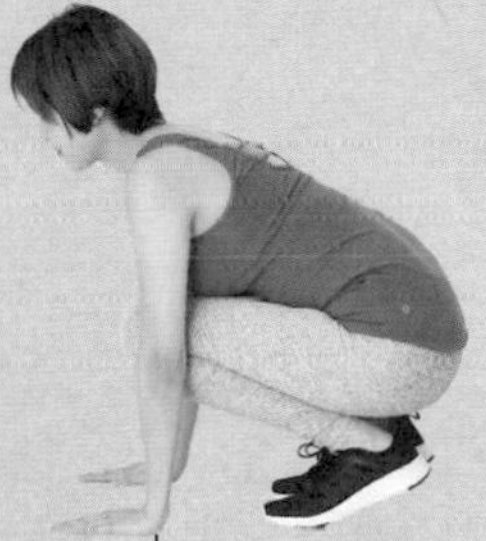

手於肩膀正下方貼地

5 秒

10 次

2 腳打直後做 1 次伏地挺身。回到蹲下的姿勢，重複動作 1

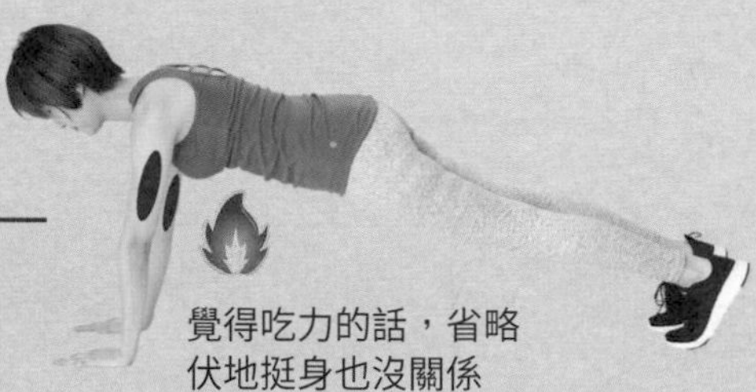

覺得吃力的話，省略伏地挺身也沒關係

讓突出的腹部收緊緊！

交互胸部觸膝

等級 ★★★

為取得平衡還能鍛鍊到深層肌肉，喚醒腰身曲線！

超高效率！

腹部　下腹　側腹

掃 QRcode 看影片

1 上半身與雙腳離地

2秒

左右輪流 各10次

2 單腳膝蓋往胸口靠近 雙手在大腿後側 擊掌合十

腳盡量與上半身靠近
腳不能碰地

鍛鍊側腹讓腰身一覽無遺！

側平板支撐抬膝

等級 ★★★

持續在腹部施加負荷，做起來吃力卻能有效打造腰部曲線！

超高效率！

側腹

腹部

軀幹

掃 QRcode 看影片

1 手肘貼地側躺使腰部離地 上方手抓住下方膝蓋

姿勢會走樣的人，做的時候可雙腳貼地無須抓住膝蓋，先從維持姿勢 20 秒做起。

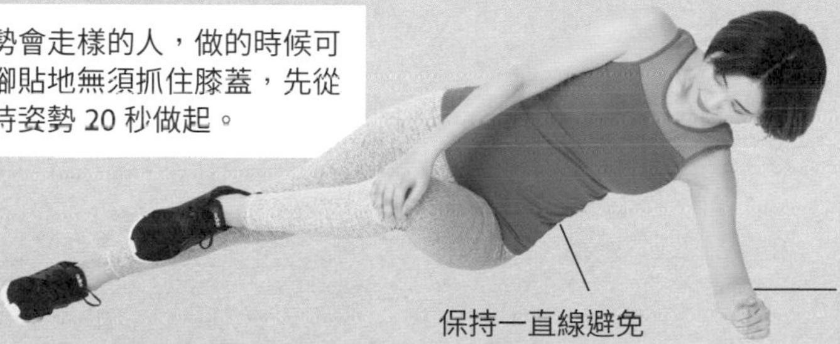
腰部下沉
手肘於肩膀
正下方貼地

2 將膝蓋抬高後 扭轉腰部

視線朝向斜上方
避免腰部後仰

2 秒

左右各 10 次

Chapter.4

加速減肥成效的生活小技巧

我指導過許多人減肥，而我自己也是因為健身後改變很多，才終於察覺到「瘦得下來的人」與「瘦不下來的人」之間有何差異。現在就用我的方式，來為大家解說減肥期間如何與各式各樣的誘惑和平共處。

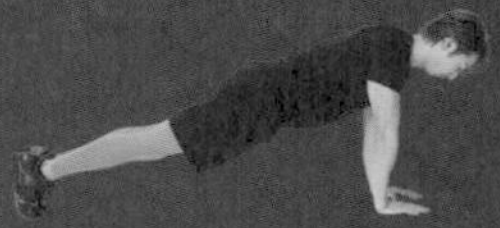

Message
From
YUTORE

健身時如果依舊暴飲暴食，睡眠不足，
會讓減肥非常沒有效率！
若能將瘦身的生活習慣融入「日常」之中，
根本不用擔心復胖。

肌力訓練

要打造理想身材，肌力訓練遠比有氧運動更理想。

肌力訓練可以確實鍛鍊目標部位

跑步或游泳這類的有氧運動，由於會消耗熱量，因此能在短時間內瘦下來。但是熱量經消耗變少之後，將使人感到愈發飢餓。肚子一餓，自然就會想吃很多東西，因此復胖的風險也會升高。再者，做完過度激烈的的有氧運動之後，除了會減去脂肪，肌肉也會流失，變成不容易瘦下來的體質……。

反之，肌肉訓練會增加肌肉量並提升基礎代謝，讓體質變得容易瘦下來。還可以針對腹部、上臂、臀部等在意的部位加強鍛鍊，所以站在塑身的觀點來看，想要減肥的話，還是會推薦大家做肌力訓練。

睡眠

肌力訓練最後步驟就是睡覺，不休息是不可能瘦下來的。

減肥期間一天須擁有6小時以上的優質睡眠

藉由肌力訓練鍛鍊後的肌肉，得靠休息加以修復，才會變成更強大的肌肉。若是因睡眠不足使疲勞累積，肌肉在修復時無法使用能量，效果便會減半。減肥期間，一天最少應達到6小時的睡眠時間。

此外，想要擁有優質睡眠，最重要的其實是飲食。在睡覺的時候，如果仍在進行消化活動會變得淺眠，疲勞不容易消除。而碳水化合物的消化時間大約需要3小時，因此切記「睡前3小時應停止進食」。脂質的消化吸收時間甚至需要7小時左右，所以睡前應減少油膩食物的攝取。

步行

減肥期間有一大提前，一天要走五千步以上，否則不容易瘦下來。

養成簡單習慣，提高每日消耗總熱量

做了肌力訓練，並且留意飲食，卻還是瘦不下來的人，我一定會建議他們「增加步行的機會」。像是坐辦公桌工作一整天黏在椅子上的人，與日常會步行超過五千步的人相較之下，一天消耗的熱量就會出現大約二百卡的差距。二百卡相當於便利超商鹽味御飯糰一個以上的熱量。所以單靠步行，就能提高一天消耗的熱量。

此外，步行也有助於紓解壓力。只不過，當有些行為與平日的生活習慣相去甚遠時，恐會造成壓力，因此請養成習慣，在日常生活中自然而然多走一些路，例如提前下車步行，或是改爬樓梯等方式。

點心

別人送的點心先丟到冷凍庫裡，徹底從視線中消失。

決定好何時享用，再選低熱量的點心來吃

人人都有公司、朋友給的伴手禮，像這樣不得不收下的點心，心懷感謝拿回家後，請直接丟進冷凍庫裡。放在眼前一定會讓人想拿來吃，一旦打開來吃就會吃到過癮才停得下來，這樣過去的努力將會化為泡影。只要冷凍起來，解凍時便需要花費一點時間，這樣就能避免不小心一次吃太多了。

點心絕對不是完全不能吃。請設定一些原則，例如一週吃2次，而且要聰明選擇和菓子這類低熱量的點心，少吃蛋糕。

想瘦就得好好攝取米飯、肉類及魚類。

碳水化合物與蛋白質是減肥的最佳伙伴

一說到減肥，似乎很多人都認為最好要排除碳水化合物（醣類）。採取這樣的飲食法，體重的確會暫時減輕，可是不容易持之以恆，還容易復胖。

我個人推薦的減肥法，是要培養肌肉提升代謝，實現不容易變胖的體質。因此首先一定要攝取製造肌肉的蛋白質，另外還要吃碳水化合物，這也是活動肌肉的能量來源。一旦碳水化合物不足，就會分解體內的蛋白質以生成能量，所以肌肉會不容易長出來。靠肌力訓練減肥的期間，「蛋白質＋碳水化合物」為唯一法則。

多多攝取蛋白質！

超商食品減重菜單

不擅料理的人，不妨善用超商食品，
因為大多都有標示出熱量及營養素！

※ 熱量和公克數僅供參考。

基本原則

1. 以「消耗熱量＞攝取熱量」為目標！

2. 碳水化合物（米飯等主食）要適度攝取

3. 蛋白質（肉或魚）要多加攝取

4. 脂質（點心或炸物）要極少量攝取

5. 水分要充分攝取

※ 熱量以及各營養素的標準攝取量，依年齡、性別、運動量等而異。請利用鍵入體重、性別、運動程度，即可計算出1日推估消耗熱量的網站等查詢看看。

※ 留意鹽分不能攝取過多，用來代謝營養素不可或缺的維生素、礦物質，都要均衡攝取蔬菜、水果加以補充。

點心

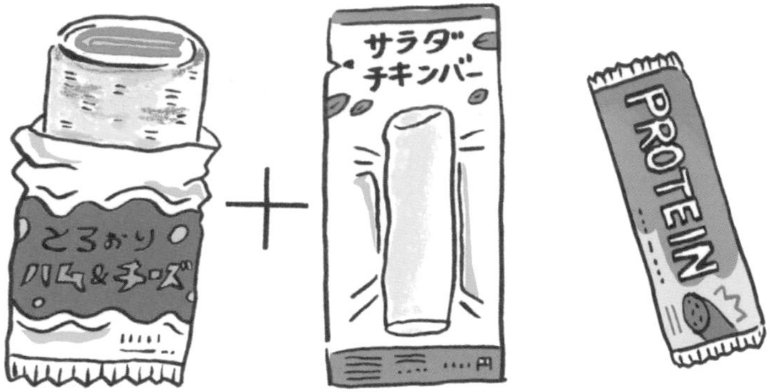

・墨西哥捲餅及墨西哥薄餅等等
・即食雞胸肉
・營養棒

熱量	蛋白質
340kcal	27.1g

把即食雞胸肉夾在手握便當中微波一下，馬上變成吃起來很滿足，卻是低熱量高蛋白質的料理。有助代謝的維生素及礦物質，再靠蔬菜或水果來攝取。想吃甜食的時候，營養棒儼然就是救世主！

魚類

· 烤魚（花魚）120g
· 溫泉蛋（水煮蛋亦可）1 個
· 即食飯 150g
· 蔬菜沙拉

熱量	蛋白質
440kcal	29g

魚類屬於高蛋白質，且內含優質脂質，因此 1 天應有 1 餐攝取魚類。碳水化合物在早上攝取的話，可作為肌肉的能量來源。雞蛋煮得愈熟愈容易消化吸收。食物纖維豐富的沙拉可讓人有飽足感，熱量又低。

肉類

· 即食飯 150g · 冷凍烤雞肉串 140g
· 溫泉蛋 1 個 · 純豆腐等辣味杯湯 · 蔬菜沙拉

熱量	蛋白質
577kcal	42.5g

某超商的冷凍烤雞肉串 1 盒約可攝取到 30g 蛋白質，熱量低，簡直就是最佳超商便當料理！就算正在減肥，但是想吃辛辣重口味的食物時，不妨來杯純豆腐湯。豆腐的熱量低，還會有飽足感。

壓力

忙的時候減肥根本沒效！壓力滿載時做什麼都瘦不下來。

開始減肥前先排除壓力

「不管做什麼體重還是不動如山」的人，多數都是壓力太大了。壓力大就會分泌出「壓力賀爾蒙」，使得脂肪不容易燃燒。在工作或是私生活壓力大的時候減肥的話，壓力會翻倍，減肥當然會失敗。一不小心，還會因為壓力加重無法調適，淪為暴飲暴食，這樣反而會出現反效果。

壓力大的時候，應暫停減肥計畫，先藉由充分休息以及吃東西以外的興趣來紓解壓力吧！

心理

只要生活方式一成不變，就沒資格說自己減肥成功。

減肥成功的人有哪些共同點？

關鍵在於要貫徹始終，成為「夢想中的自己」，而且外表的變化比體重更重要。別因為每天體重的增減，時而歡喜時而憂愁，即便體重增加了，只要自己明白為什麼會往上增加，就能逐步實現理想的身材。

除此之外，假使你想要一口氣「改變過去的生活方式」，例如同時進行肌力訓練、高蛋白飲食、水分攝取、充足睡眠的話，幾乎都會減肥失敗。重點在於逐一養成減肥不可或缺的要素。一步步養成習慣，讓自己的生活方式有所改變，這樣你一輩子都不會變胖。

改變習慣

腿一直瘦不下來，原因就出在可怕的粗腿生活習慣！

不確實使用髖關節，腿就會變得愈來愈粗

深蹲時覺得「大腿前側會緊繃、無法大幅度往下蹲、膝蓋容易朝向內側、腳跟會離地」的人，代表沒有使用到髖關節。只要有使用到髖關節，臀部及大腿後側的肌肉便會產生連動，腿自然會變細。

在日常生活中也是同理可證。像是「站立時膝蓋用力打直」、「翹腳坐著」、「在家穿鞋子或拖鞋」、「趴睡」這類的行為，全都會導致髖關節可動域變小，相對大腿以及臀部的肌肉會過度操勞，害腿變粗，所以現在就要馬上擺脫這種「可怕的粗腿生活習慣」。

現在馬上改掉吧！

可怕的粗腿生活習慣

如果你有下述這 4 種生活習慣，最好馬上改掉！

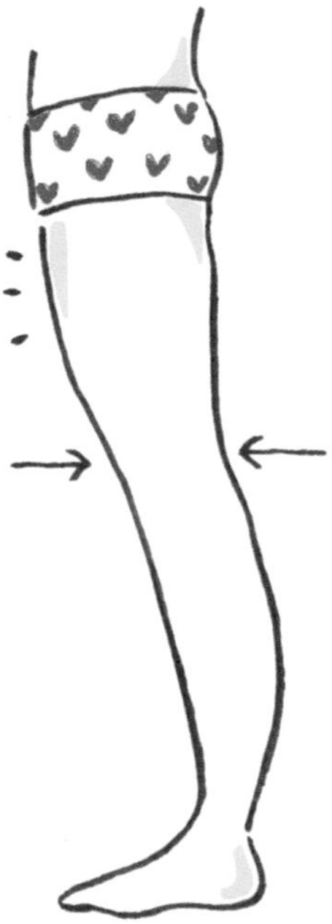

1 站立時膝蓋用力打直

膝蓋用力打直的話，體重會落在大腿前側，造成大腿前側的負擔而變得緊繃。站立的時候，膝蓋不能用力，稍微放鬆站著才是正確的作法。

2 坐下就翹腳

骨盆、髖關節會鬆弛，影響下半身的均衡度。將腳抬高的肌肉，也就是髂腰肌會左右形成差異，使得腿的粗細不同……形成這類的不良現象。

3 在家穿鞋子或拖鞋

腳底的感覺會變遲鈍，變得無法使用腳趾走路。一旦無法正確運用腳趾，就會過度使用到腳踝，導致小腿肚變粗。

4 趴睡

趴睡時臀部會打開，髖關節會扭曲使得膝蓋朝內。腳踝也會歪曲，導致體重落在小腿肚外側，造成小腿肚很大的負擔。

想讓大家體會看看，體質改變會有多快樂！

接著要來聽聽看，當初 YUTORE 自己為什麼會迷上肌力訓練？以及到目前為止都是如何健身。
另外還會聊到歷經過健身帶來的變化以及成功體驗之後，現在切身體會到「肌力訓練的魅力」有哪些？

努力的成果都看得見，所以付出就有收穫！能夠肯定自我！

——促使你想要開始健身的原因為何？

我本來是非常瘦的人（身高170cm、50kg），身邊朋友都形容我「骨瘦如柴」，所以才想要擁有充滿肌肉的強健體魄。

剛開始健身後有大半年的時間都看不出成果，讓我悶悶不樂。不過就在某一天，經由健身房的教練仔細指導，當我發現有鍛鍊到的感覺之後，真的感到很開心，後來才勤勞地開始上健身房。

某一天，周遭開始有人稱讚我「肌肉練得很壯」，這真是叫我欣喜若狂！此時我的肌肉已經增加超過10kg了。仔細想想，我不用多說什麼，身邊的人也能看見我努力的成果，我想應該沒有其他事情足以比擬了。而且不管年齡大小，都可以做得到。讓我再次深切體會到一點，健身實在是太棒了。

——健身的魅力有哪些？

我認為是「精神力」會變強大。努力的成果不但看得見，又很容易察覺，所以能夠提升自我肯定感，因為「付出就會有收穫」。不但能鍛鍊到心理層面，還能夠緊實全身，真是超有效率又一石二鳥！

我有一名學生，之前深蹲一次都做不到，只能從椅子上起身的練習開始做起，不過最後減重超過13kg，體脂肪率也下降了12%以上。後來他迷上了肌力訓練，聽說還買了槓鈴和深蹲架擺在家裡，比我還要狂熱……叫人目瞪口呆（笑）。

能夠掌控自己身體的感覺，將成為一輩子的資產

——今後的目標？

自從我開始在社群網站上發文後才發現，「想要實現理想中的身材，卻不知道怎麼做才好」的人，超乎想像的多。就算開始嘗試了，卻不了解正確的作法以及身體變化，因而中途而廢的人也不在少數，所以今後我依舊會繼續發文，介紹大家如何健身才能看出成果，讓上述這些人能一天天減少。而且我也想讓大家體會看看，身材改變是多麼快樂的一件事。

反正只要身材出現變化，大家肯定會「愛上健身！變得更快樂！」

而且能夠維持住理想身材的人，都能自我剖析為什麼會變胖？為什麼會變瘦？所以持續健身的優點，就是你會開始「了解自己身體，可以掌控自己的身體」。相信當你一旦感受過健身的好處之後，將成為不容易消失的寶貴資產。

作者　YUTORE

私人健身教練。塑造美麗身材的專家。
座右銘為「有效的健身才有意義」。
活用任職於大型私人健身房、健身俱樂部時的教練經驗，於推特上每日更新「10 秒就會做的健身法」。除了重點分明的文章以及個人健身影片，還加上插畫輔助說明，以期達到盡善盡美。在網路上極力推廣「不用器材、在家就能健身」的方法，獲得大家「短時間卻效果絕佳」的一致好評。另外還從事塑身及減肥的指導工作，於 2019 年展開的「美腿課程」，更獲得當日額滿的空前盛況。

Twitter　@ yutore10byo
Instagram　@ yutore10byo　YouTube　ユウトレ

模特兒　森暖奈

活躍於《Popteen》、《JELLY》、《BLENDA》等多本女性雜誌，現以自由模特兒一姿，深受廣告、服飾品牌以及化粧品品牌的歡迎。2019 年 8 月生產，產後 3 個月進行本書的拍攝工作，展露出勻稱的身材比例。

Twitter　@ mori_haruna
Instagram　@ moriharuna71
YouTube　https://www.youtube.com/channel/UC-Y42ePCh-G8FI-dLZTYNIQ

STAFF

攝影：三好宣弘
設計：雪垣絵美（H.D.O.）
插畫：コナガイ香、中村知史（p.36 髂腰肌、p.45 髖關節）
妝髮：MIKE
造型：永野晴子
照片提供：Getty Images
編輯協力：鈴木久子（KWC）、村花杏子

Health Tree
健康樹　健康樹系列 160

地獄 60 秒肌力訓練

本気でやせたい人のための # ユウトレ

作　　者　YUTORE
譯　　者　蔡麗蓉
總 編 輯　何玉美
主　　編　紀欣怡
責任編輯　謝宥融
封面設計　張天薪
版型設計　葉若蒂
內文排版　許貴華

出版發行　采實文化事業股份有限公司
行銷企畫　陳佩宜・黃于庭・蔡雨庭・陳豫萱・黃安汝
業務發行　張世明・林坤蓉・林踏欣・王貞玉・張惠屏
國際版權　王俐雯・林冠妤
印務採購　曾玉霞
會計行政　王雅蕙・李韶婉・簡佩鈺
法律顧問　第一國際法律事務所　余淑杏律師
電子信箱　acme@acmebook.com.tw
采實官網　www.acmebook.com.tw
采實臉書　www.facebook.com/acmebook01

I S B N　978-986-507-389-3
定　　價　330 元
初版一刷　2021 年 6 月
劃撥帳號　50148859
劃撥戶名　采實文化事業股份有限公司
10457 台北市中山區南京東路二段 95 號 9 樓
電話：（02）2511-9798　傳真：（02）2571-3298

國家圖書館出版品預行編目資料

地獄 60 秒肌力訓練 / YUTORE 著 ; 蔡麗蓉譯 . -- 初版 . -- 臺北市 : 采實文化事業股份有限公司 , 2021.06
128 面 ; 14.8×21 公分 . -- (健康樹系列 ; 160)
譯自 : 本気でやせたい人のための # ユウトレ
ISBN 978-986-507-389-3(平裝)

1. 塑身 2. 減重

425.2　110005953

采實出版集團
ACME PUBLISHING GROUP